U0336782

最新居住区景观设计

肖娟 主编

华中科技大学出版社
http://www.hustp.com
中国·武汉

北美风情

新中式＋东南亚风格

欧式＋东南亚风情

东南亚风情

欧式风情

新中式设计风格

现代设计风格

Contents 目录

现代设计风格

新中式设计风格

欧式风情

东南亚风情

北美风情

长春万科蓝山

设计公司：
RhineScheme GmbH
（德国莱茵之华有限公司）

设计团队：
Atelier Dreiseitl, Wolf Loebel Architects

项目地点：
长春

面积：
184 000 m²

设计说明：

　　"长春万科蓝山"住宅区包含了综合商业区，旨在打造中国北方的新型社区。这里最初是一家建于 1948 年的柴油机厂。被保留下来的大树、具有 60 多年历史的砖砌建筑及迷人的新户外空间，将这里丰富的自然和文化景观展现得淋漓尽致。

　　很久以前，这里是天然的草地和河流。各种植物形成了这里独特的美景，它们在大自然风雨的长期侵蚀和雕刻下显得分外动人，形成了天然的绿色公园。

　　新"城市工厂"的核心为公共商业中心，它为城市提供很多便利设施，例如购物中心、咖啡店、餐馆和俱乐部。新旧在这里实现了完美融合，在更加私密的纯住宅区域，旧建筑的所在位置被完整保留并建成庭院、游乐场和花园，成为社区活动的场地。此外，遗址也是"长春村"的必要组成部分，多用途开发和户外空间的城市构造，创造出了一种理想的户外生活环境。这三个相互关联的部分，一起构成了城市生活的示范中心。

　　漫步欣赏美景，沿着雕刻成绿色公园轴的"时间线"，几座"时间花园"使得这里的时光难忘而又独特，使得个人和社区得以共同成长、相互充实。

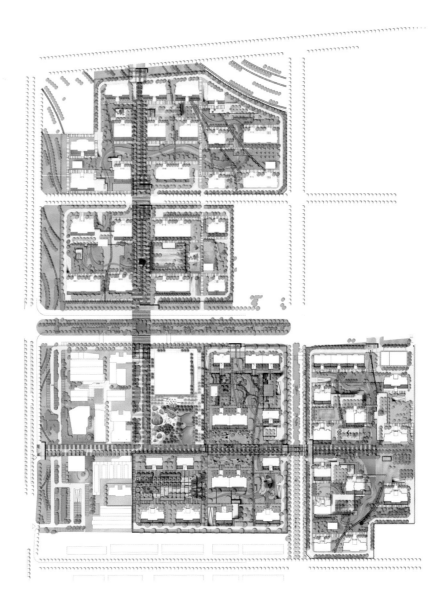

中信惠州水岸城二期

设计公司：
奥雅设计集团

项目地点：
惠州

面积：
74 336 m²

设计说明：

　　该项目的景观设计采用自然风格与现代风格相结合，丰富的道路曲线、功能广场与开阔的花园，诠释了景观环境的内涵和意境。主入口运用硬朗的细节元素，直线、弧线、简洁几何形体有机穿插，构成现代时尚、尊贵大气的景观空间；水系景观设计以自然生态的手法为主，点缀现代元素，营造多样的临水空间和高品质的水岸景观；园区规划中横向设置曲线轴，"动感而有节奏"地划分景观空间，丰富了景观层次，构成富有韵律和动态美感的景观空间。

　　景观的构架延续建筑的布局，形成带状的景观空间。别墅区设计成环水的半岛花园，半岛花园以北为绿荫花园，这里有曲线道路，微地形与功能空间相协调。同时将人防出入口巧妙地与设计结合形成景观节点，并配置丰富而有层次的植物，创造一个运动休闲的理想去处。半岛以南为水岸花园，水系依地势叠起，并与展示区、游泳池连接。桥、亲水平台、栈道等形式将园区串联起来。各种类型的驳岸景观及丰富的水系景观，装饰了园区，构成一个生态休闲的美好天地。

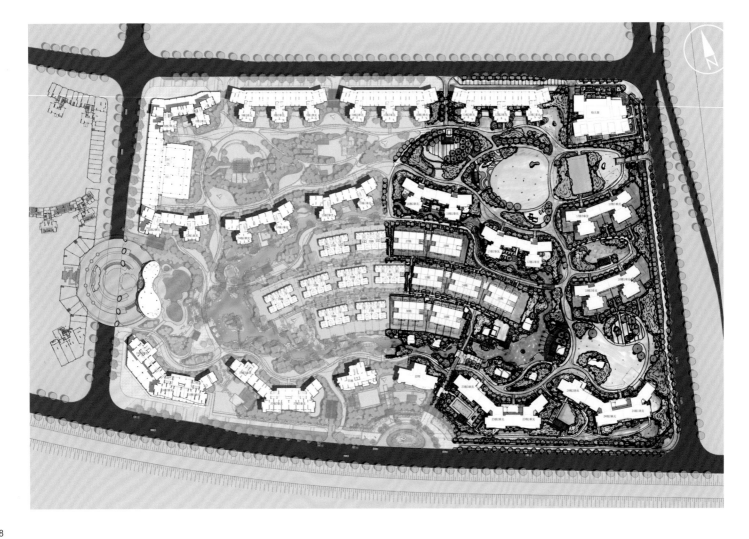

四川成都博瑞优品道四期

设计公司：
奥雅设计集团

开发商：
成都博瑞房地产有限公司

项目地点：
成都

面积：
170 000 m²

设计说明：

　　本项目位于成都市青羊区，处于二环线和三环线之间，是博瑞优品道系列项目之一。本项目可谓是新城市主义主张的美景的生活蓝图。奥雅设计师提出"更成熟、更有机、更自然、更时尚"的设计理念，符合了现代人追求回归自然和时尚生活的成熟社区的愿望。自然、成熟、时尚的景观与项目的规划及建筑协调统一，使博瑞优品道成为代表新城市主义生活的力作。其设计理念的具体阐述如下。

　　更成熟——在能够周到、合理地呵护居住者的前提下，提升"能效比、舒适度、延展性"等综合体系的社会价值。萃取周边楼盘的成功经验，打造更加成熟的社区景观和都市氛围。

　　更有机——参照生命生长的规律，运用历史发展的思考方式，强调功能的相互融合，将复杂的城市生活通过严谨、科学的设计手法来控制，创造符合深层次心理需求和令人喜爱的各类空间。

　　更自然——关注居住环境的生态共生，同时给业主更多的绿色空间和轻松的感受。在城市生活中引入自然，使其体验结合自然景观的现代商业集群，体验"充满阳光、绿意、水"的浪漫及舒适的"逛街行动"。

　　更时尚——提供符合、引领现代品质生活潮流的平台，创造亲和、鲜明的休闲都市的新时尚文化。

华润·唐山橡树湾

設計公司：
ECOLAND 易兰

项目地点：
唐山

面积：
20 hm²

设计说明：

　　项目位于唐山凤凰新城核心区，总占地面积 20 hm²，南起裕华道，北至长宁道，西临青龙路，东到光明路，是机场高速和唐曹高速进入凤凰新城的西北门户。社区南侧与 7 hm² 的城市绿化公园仅有一墙之隔，西侧环城水系与其隔街相望，周边集合凤凰新城规划政务、教育、医疗、商务、娱乐、休闲等市政配套系统。

　　ECOLAND 易兰在整个社区规划了一条斜向景观中轴，以蝶形布局，融入居住、教育、商业、休闲四大居住主题，并将高档洋房、高层住宅、精品园林、景观大道、社区水系、邻里中心、商务会所、社区幼儿园及小学、2 hm² 的自持商业等共同建构完整社区所必需的建筑及配套设施一一呈现，为唐山打造出首座自平衡绿岛社区，为这个城市的居民带来前所未有的生活体验。

　　橡树湾追求生态、人文的居住环境，因此 ECOLAND 易兰在高品质的建筑物理层面上，最大化赋予社区深蕴的人文居住气息，使每一个细节都体现出精工缔造的细腻品质。在保持原汁原味的生态条件基础上，社区入口树立宏大的中心广场景观，社区内部以大面积水景及人工造景，再结合斯坦福学院风格建筑塑造红墙绿荫的学府气质，学院意象也因此呼之欲出。

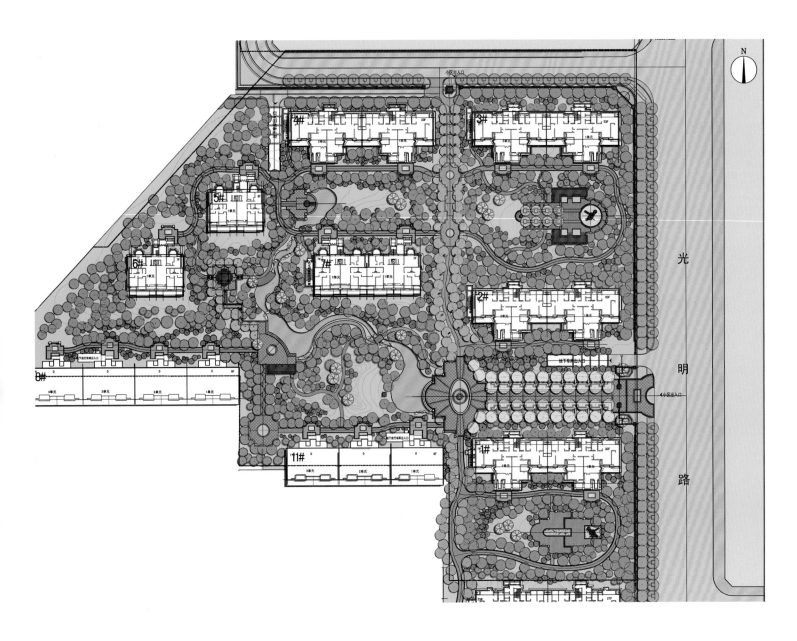

新光·御景山花园

设计公司:

山水比德园林集团

业主单位:

珠海市新光置业有限公司

项目地点:

珠海

面积:

26 225 m²

设计说明:

在新光御景山花园的景观设计中，为了将公园搬进住宅小区，创造一种自由的、个性的公园式居住感受，设计师提出了"流动的森林"的设计理念，并从各个层面演绎"森林"这个概念，从意到形，从平面到空间，从人们的心灵体验到生态建设。浪漫、柔和的曲线围合了空间，从视觉、功能和空间体验上为人们的生活空间提供了更丰富的内涵。

1. 森林区——暮云春树 以植物、水、影子作为基本元素，以流动的方式进行布局。在组团中引入不同种类的树木，突出季相变化，并且通过微地形的塑造，创造出有层次的景观。

2. 草坪区——翠微清波 大片的草坪，广阔的空间，使视线全无遮挡。

3. 泳池区——潋蓝水岸 将大自然的各种形态带到城市中间来，让人们充分享受自然。

4. 花海区——浪漫花田 以"花"贯穿整个区，创造了浪漫、诗意的花海景观。道路、花海和廊架等运用硬景和软景相结合的手法，恰如其分地围合和分割了各个功能区间，使得体块既有分隔，又相互渗透。

5. 商业区——流光溢彩 延续居住区内浪漫的曲线构图形式，运用"圆"为商业街构筑物主要元素，形成七彩的圆环。圆环既可丰富景观空间，也作为休憩空间。

景点名称:

1. 入口	12. 特色景观水池
2. 景观构架	13. 特色吐水景观
3. 泳池	14. 景观几何型草坡
4. 水中树池	15. 铺装广场
5. 缤纷花海	16. 地下车库入口
6. 特色景观亭	17. 停车场
7. 台阶	18. 商业广场
8. 木平台	19. 住户入口
9. 入口景观水体	20. 景观走廊
10. 活动草坪	21. 微地形景观
11. 树阵广场	

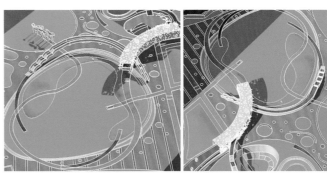

南通万濠华府

设计公司：
深圳市东大景观设计有限公司
设计师：
周永忠、王德政、赖锋、谢志玲、张飞龙、姚兰、郑玉姣
项目地点：
南通
面积：
6.02 hm²

设计说明：

项目位于南通市城区任港路与孩儿巷路交界处。建筑以中轴式对称布局，形成东、西两大主要景观区。小区建筑色彩以暖色为主色调，搭配稳重的深咖啡色材料。

设计以还原庭院空间、营造亲切家园为设计理念，运用现代的设计风格，注重质朴、大方的建筑语言和实用功能，采用变化的空间模式引发无限的空间遐想。

亮点：整体设计以绿化为主，用层次丰富的植物来营造舒适的人居环境。东区将喧闹的活动场地安置在中部，各类型活动场地沿水溪逐渐展开，形成清新、宜人的亲水环境。西区利用宽阔的庭园空间打造开阔的水面，沿水岸东南侧建造一条木栈道，形成开敞的视线空间，为居民提供精致、舒适的亲水休闲活动空间。

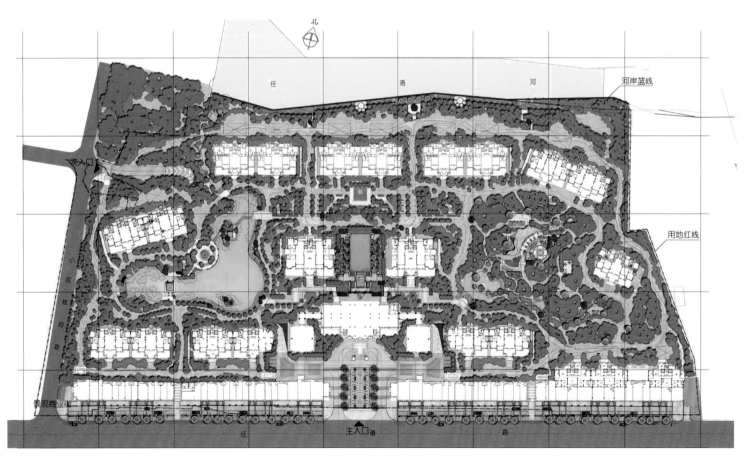

南通炜赋花苑

设计公司：
深圳市东大景观设计有限公司
设计师：
周永忠、王德政、张飞龙、郑玉娇
项目地点：
南通
面积：
6.72 hm²

设计说明：

设计师提出了"自然即家园"的景观设计理念，通过统一的色彩、一致的表现手法，使建筑、地形、水体、植被融合共生。将景观设计与一定区域建筑功能相配合，形成建筑景观的和谐统一，强调景观的多样性、丰富性、合理性。在主入口形象展示区，设计师通过三点一线连成面的方法，创造连贯、立体的丰富空间，强调景观观赏视线的便捷性和可选择性。在水景观的处理上，中心庭院入口水景为硬质人工水景，强化入口庄重、尊贵的气氛，小区中部则处理为人工自然水景，从而突出小区轻松、自然的气氛。

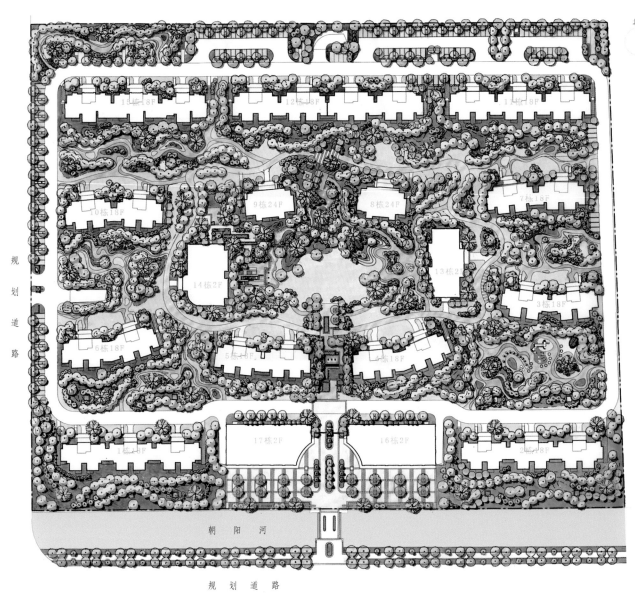

佛山兆阳御花园

设计公司：

广州市科美都市景观规划有限公司

设计师：

蔡舒雁、朱蕾、彭毅、冯焯伟、赵鹏飞

项目地点：

佛山

面积：

50 000 m²

设计说明：

项目位于佛山市禅城区华远东路，建筑群由高层和商业两部分组成，交通便捷，服务设施配备完善。

项目总体采用围合式布局，具有强烈的领域感。规划布局上倾斜15°角，打破了常规布局的呆板，为景观的个性营造创造出有利条件。主体景观中有两条贯穿整个社区的生态绿色林带，为项目带来可持续的景观享受。根据两条生态林带设置丰富的道路系统，犹如漫步森林，每天与绿色一同呼吸，让人真正享受到"都市绿洲"这一轻松的户外生活方式。在有限的条件下，尽可能创造出丰富的地形变化，两条生态山脉成为整个项目的绿色基调。此外，创造一条生态水系和山脉，打造成"山水相依"的规划格局。

"都市绿洲"的生活方式着重于户外的居住氛围的营造，这一理念始终贯穿于整个景观设计之中。两条生态林带使居民和来访者真正享受到这一轻松的户外生活方式。

从整体到局部，现代都市居住和轻松休闲的绿洲生活方式在每一个细节中都体现得淋漓尽致。生态的热带植栽与传统型古典元素的融合，以及与建筑的呼应，更展示了这一项目的独特风格。

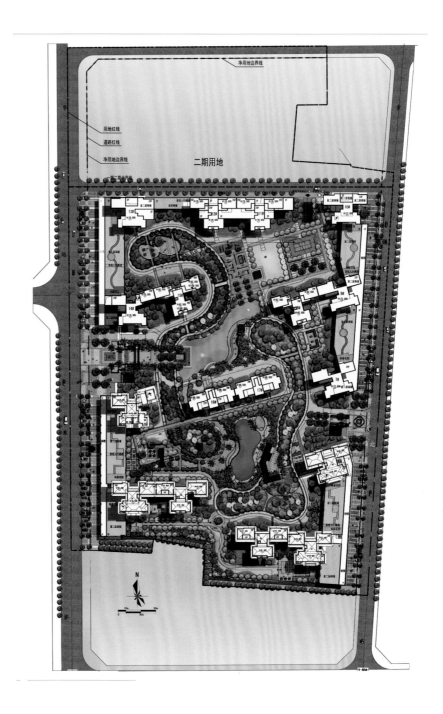

珠海中信红树湾

设计公司：
澳大利亚·柏涛景观

开发商：
深圳市中信红树湾房地产有限公司

项目地点：
珠海

面积：
一、二期总面积 88 000 m²

设计说明：

珠海中信红树湾地处珠海中心区黄金地段。整个项目的建筑设计、景观设计分成四期完成。线性湖岸公园绿化带互相交错。

园林规划的策略在于打造一系列互相连接的节点和聚焦点及视线走廊，使社区的居民在回家的路上就能欣赏美景。不同的主题花园位于不同的节点处，特色水景也点缀其中。功能活动空间分布明确，满足不同年龄层的使用需求。景观亭、廊架呈分散式摆放，在一定程度上起遮挡、分隔空间的作用，为居民提供更多的私密活动空间。不同的建筑平台拥有不同景观。在高层公寓区，园林更加开放、活跃，而联排别墅区更注重私密性。相信珠海中信红树湾将会成为珠海市地标性的前沿设计项目。

珠海中信红树湾不仅实现了功能和美学设计的平衡搭配，并且从概念方案到施工阶段都符合生态绿色的发展标准。例如太阳能照明的使用——中庭式采光井的使用为地库停车提供天然照明、排风系统、当地植物的栽培，这些措施都节省了能源。设计师只在重要的节点区域使用木质材料打造景观，其他区域均采用人造木板。

品牌文化、地理位置、建筑设计、景观设计，这一系列元素的汇集成功打造了优雅豪华、一流水平的中信红树湾。优美如画般的景致，宁静悠远，生活从此有了全新的追求和理想，这是一个真正属于我们的梦想家园。

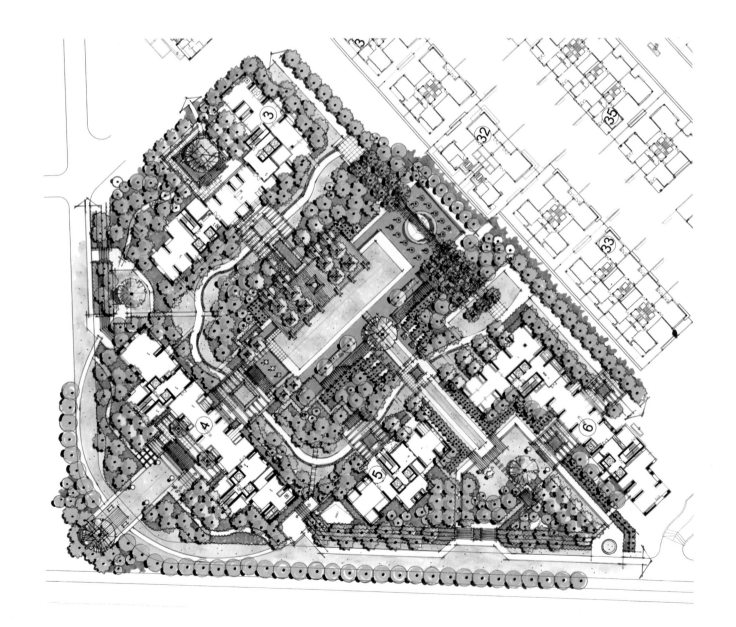

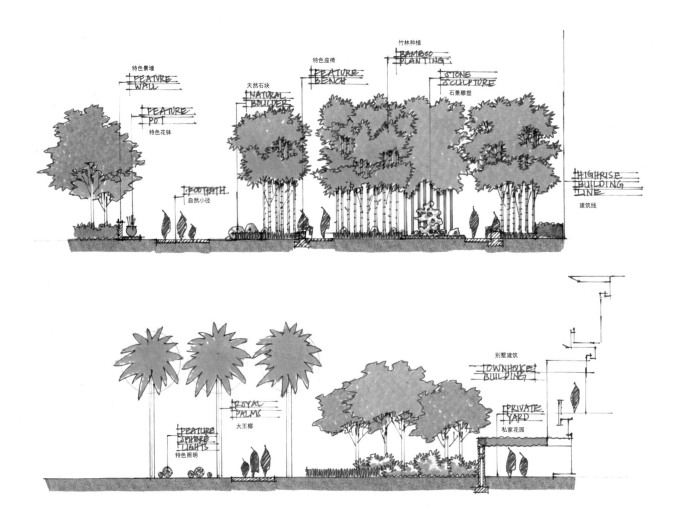

特色景墙
FEATURE
WALL

特色花钵
FEATURE
POT

天然石块
NATURAL
BOULDER

自然小径
FOOTPATH

特色座椅
FEATURE
BENCH

竹林种植
BAMBOO
PLANTING

石景雕塑
STONE
SCULPTURE

建筑线
HIGHRISE
BUILDING
LINE

特色照明
FEATURE
SPHERE
LIGHTS

大王椰
ROYAL
PALMS

别墅建筑
TOWNHOUSE
BUILDING

私家花园
PRIVATE
YARD

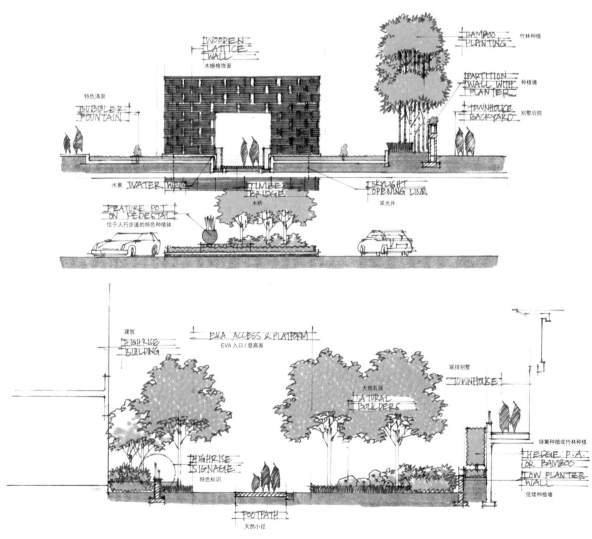

WOODDEN LATTICE WALL
木栅格饰面

BAMBOO PLANTING 竹林种植

BUBBLER FOUNTAIN
特色涌泉

PARTITION WALL WITH PLANTER 种植墙

TOWNHOUSE BACKYARD 别墅后院

WATER WELL 水景

TIMBER BRIDGE 木桥

SKYLIGHT OPENING LINE 采光井

FEATURE POT ON PEDESTAL
位于人行步道的特色种植钵

EVA ACCESS & PLATFORM
EVA 入口/登高面

建筑
HIGHRISE BUILDING

联排别墅
TOWNHOUSE

天然石块
NATURAL BOULDERS

绿篱种植或竹林种植
HEDGE P.A. OR BAMBOO

HIGHRISE SIGNAGE
特色标识

LOW PLANTER WALL
低矮种植墙

FOOTPATH
天然小径

上海中凯城市之光名邸

设计公司：

杭州安道建筑规划设计咨询有限公司

开发单位：

上海源丰投资发展有限公司

设计师：

曹宇英、赵涤烽、詹敏、陈彤彤、金宗圣

项目地点：

上海

设计说明：

人皆渴望脱俗的宁静，却不得不沉浮在喧闹的都市之中，花溪渔隐，在繁华中植入静谧，用现代装饰风格演绎尊贵品质，从传统的隐逸文化之中释放出"行到水穷处，坐看云起时"的闲远心境。繁华都市中的花溪渔隐图并不意味着将画中的格局搬入设计之中，而是从传统的隐逸文化中挖掘出境界幽深、气势雄浑的东方神韵，并用当代最前沿的设计手法描绘都市之中的桃源。在景观设计布局上大开大合，细节上丝丝入扣，运用灵动的鱼形湖面，引入"年年有余（鱼）"的吉祥寓意，将洋溢着盎然春意的景物风貌隐于高耸的楼宇之间，在不断变幻的水景空间中，捕捉光与影的跳跃，构筑上海核心地带倨傲不凡的可持续性现代水景生态社区。

1. 住宅区南丹路入口
2. 南丹路入口广场
3. 广场大树池
4. 组合式水景池
5. 住宅区水库入口
6. 车行环道（消防通道）
7. 中心水景入口广场
8. 3#~5#楼架空层特色铺装
9. 3#~5#楼架空层特色铺装
10. 3#~5#楼架空层对景草坪
11. 特色滨水漫步道
12. 6#楼架空层临水平台
13. 住宅区中心水景
14. 特色景观桥
15. 滨水绿道步道
16. 6#~7#楼梯间活动广场
17. 滨水绿道步道
18. 儿童活动区
19. 1#~2#楼架空层临水平台
20. 1#~2#楼架空层特色铺装
21. 1#~2#楼架空层对景草坪
22. 特色汀步
23. 特色条石跌水
24. 8#楼南侧临水平台
25. 景观庭院
26. 8#楼北侧庭院
27. 住宅区绿化北路入口
28. 商业别墅入口
29. 商业别墅娱乐庭院
30. 商业办公楼入口
31. 公楼水入口水景
32. 商业街树阵广场
33. 广场特色雕塑（通风井）
34. 商业街转角种植池
35. 商业街步行道
36. 商业街公办楼北入口
37. 商业街车库入口

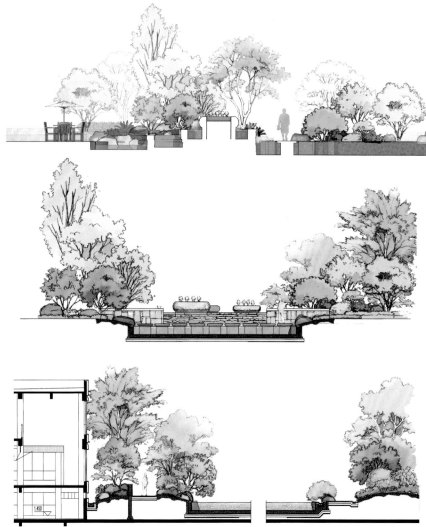

国嘉·城南逸家城市景观

设计公司：
香港美林国际景观设计有限公司
成都美瑞林景观设计师事务所
开发商：
香港中渝置地 / 国嘉地产
设计师：
丁凯、匡广星
项目地点：
成都
面积：
10 hm²

设计说明：

　　城南逸家位于成都城南 CBD 核心区，背靠江安河，是国际城南 CBD 唯一的纯别墅社区。城南逸家总建筑面积为 20 hm²、景观面积为 10 hm²。独栋与联排别墅超低容积率仅为 0.5，院落叠墅容积率为 1.1，建筑密度低至 25%，绿化率高达 65%。

　　景观设计在充分尊重地块原生自然景观资源的基础上，着重强调人与环境的关系，营造出人与自然的和谐交流空间。通过自然的内外互动，形成与建筑体相协调的精致、自然与细腻的园林景观。景观设计将城市气质与自然气息相融合，彰显项目景观精髓，本着"道法自然，自然和谐、统一"的造景原则，最大限度拓展 1.2km 长、120m 宽的原生态江安河活水资源，将"原湾""千里长堤""揽月栈道""原滩湿地""清风码头""溪岸烟柳""亲水石阶"七大天赐自然瑰宝有机融合，打造出一个 7.2 hm² 的殿堂级滨河生态公园。

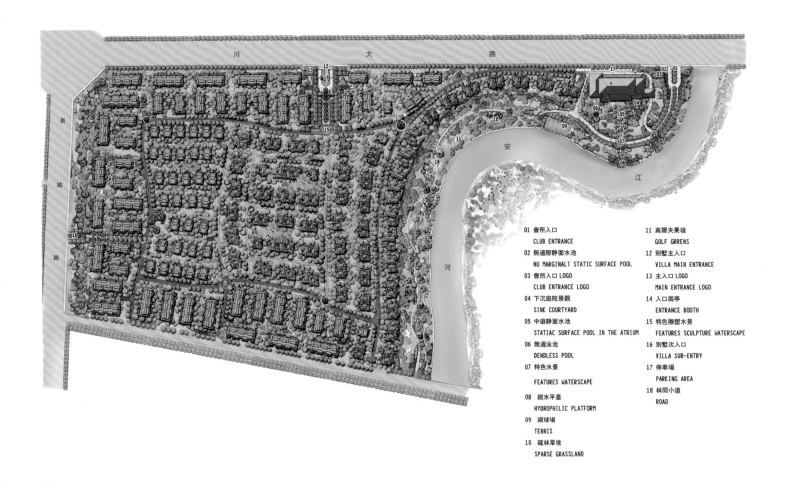

01 會所入口 CLUB ENTRANCE	11 高爾夫果嶺 GOLF GRRENS
02 無邊際靜面水池 NO MARGINAL1 STATIC SURFACE POOL	12 別墅主入口 VILLA MAIN ENTRANCE
03 會所入口 LOGO CLUB ENTRANCE LOGO	13 主入口 LOGO MAIN ENTRANCE LOGO
04 下沉庭院景觀 SINK COURTYARD	14 入口崗亭 ENTRANCE BOOTH
05 中庭靜面水池 STATIAC SURFACE POOL IN THE ATRIUM	15 特色雕塑水景 FEATURES SCULPTURE WATERSCAPE
06 無邊泳池 DENDLESS POOL	16 別墅次入口 VILLA SUB-ENTRY
07 特色水景 FEATURES WATERSCAPE	17 停車場 PARKING AREA
08 親水平臺 HYDROPHILIC PLATFORM	18 林間小道 ROAD
09 網球場 TENNIS	
10 疏林草坡 SPARSE GRASSLAND	

海马公园住宅二期

设计公司：
深圳赛瑞景观工程设计有限公司
开发单位：
海马集团（郑州）房地产开发有限公司
项目地点：
郑州
面积：
53 000 m²

设计说明：

　　海马公园住宅二期位于郑州市东风东路与商都路交汇处东北角，作为CBD和中央政务区的功能支撑区，有"CBD的后花园"之称。区域内建有香花森林、四季花林、彩叶森林、生态森林四大森林组团，大面积的景观绿化，堪比公园。公园生活，由此开启。

　　小区主入口采用两塔楼连廊形式的大门，为了呼应整体的建筑风格，大门采用了装置艺术的构造形式，高大挺拔、气势非凡。在材质上利用黑色氟碳漆方通与黄锈石结合，材质和颜色的强烈对比，让人耳目一新；在大门的装饰元素上，装置艺术和中式传统元素在这里得到了完美的融合，每一个立面都有精美的图案或造型，就像一件精致的艺术品，无论从哪个角度看过去都妙不可言。

　　海马公园住宅二期在建筑规划时，刻意将地库向园区后方退让，为展示区预留较大的发挥空间。针对这一优势，同时为了迎合"家在公园"的理念，入口展示区种植了50m长的四排乔木树阵，强化了入口的气势，营造了生态公园的氛围。在树阵的中心轴线上，一条修长的镜水面犹如丝带一般，连接着岗亭logo墙和展示区主题雕塑。在水池壁的两侧有互喷式喷泉，跳跃的水珠在悠长的林荫树下犹如森林里的精灵在嬉戏打闹。由于河南是中原文化的发源地，园区的设计汲取了一些地域文化元素，展示区的灯具与花钵在造型和花纹选择上加入了中式元素，为园区增添了几分优雅和新意。

图例：
——— 用地红线
------- 地库范围线

比例：

0   25   50

万科长沙金域缇香

设计公司：
SED 新西林景观国际

开发商：
万科集团

项目地点：
长沙

面积：
43 000 m²

设计说明：

　　万科长沙金域缇香位于长沙市岳麓区，基地西侧眺望岳麓山、北侧与中南大学相毗邻，正可谓书香之地。SED 新西林景观国际在对该项目进行前期调研时，通过研究其交通、功能等多方面属性，最终为该项目赋予"藏书楼"这一独特的设计理念。

　　秉着"大气时尚、干净纯粹"的设计宗旨，设计师们从"空间 - 光线 - 质感"三方面出发，在发散思维的同时，紧扣"高尚居住文化"主题，对整体色彩、造型进行组合变化。整个展示区的主墙面为简洁大方的浅灰色清水混凝土材质，设计师借用"书阁"的木构架造型及暖色调重点照明进行立面设计，使整个空间质朴却不失设计感。

　　设计的目的是要通过简洁的墙体、地面铺装及狭长的主入口来提升场地的隐蔽性，突出了设计理念中的"藏"字。在繁忙的都市中为世人打造一个隐于尘嚣、可以静下心来阅读和思考的空间。干净的浅灰色清水混凝土墙面和灰白色的 PC 材质的地面铺装，带给人们丝丝凉意。这对于被称为"四大火炉"之一的长沙来说，无疑是一个贴心的设计思考。

　　项目的主入口，设计师们也进行了别具匠心的设计。道路狭而长，刻意让视野不要太过开阔。人们慢慢行走，可以欣赏到沿路不同的景致。当你走过狭长的入口廊道后，会发现这里豁然开朗，因为此时你会看到一个书架造型的门头，它出现在这里不仅起到了空间过渡的作用，而且减少了迎面的高层建筑所带来的压迫感。

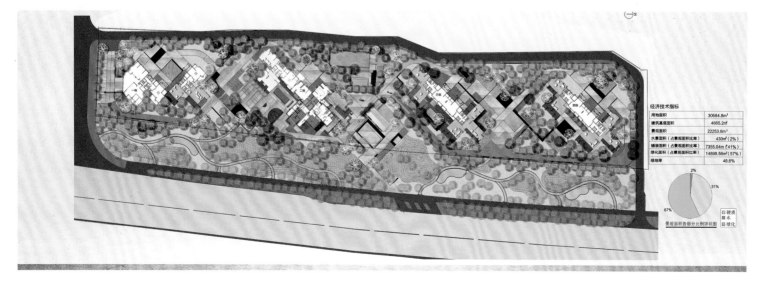

深圳新干线

设计公司：
SED 新西林景观国际

开发商：
远洋地产

项目地点：
深圳

面积：
107 608 m²

设计说明：

  项目位于深圳市龙岗区，由远洋地产开发，总面积为 107 608 m²。项目极尽奢华，是一片喧闹中的清净之地。在繁华中植入静谧，用现代简约风格演绎都市时代感，释放自然、欢畅的气息，寻觅"舍去浮世，明月清风，山桂做伴"的闲远意境。

  设计以颜色为主题并以此为景观节点的命名，用蓝色、绿色、粉色、紫色分别来表现爱琴海、挪威森林、蔷薇香舍、薰衣草庄园。设计承袭北美森林社区的古典风韵，融合现代设计理念和手法，将中央水景广场、阳光草坪、院落式庭院空间有序地连接，形成独特的空间序列。

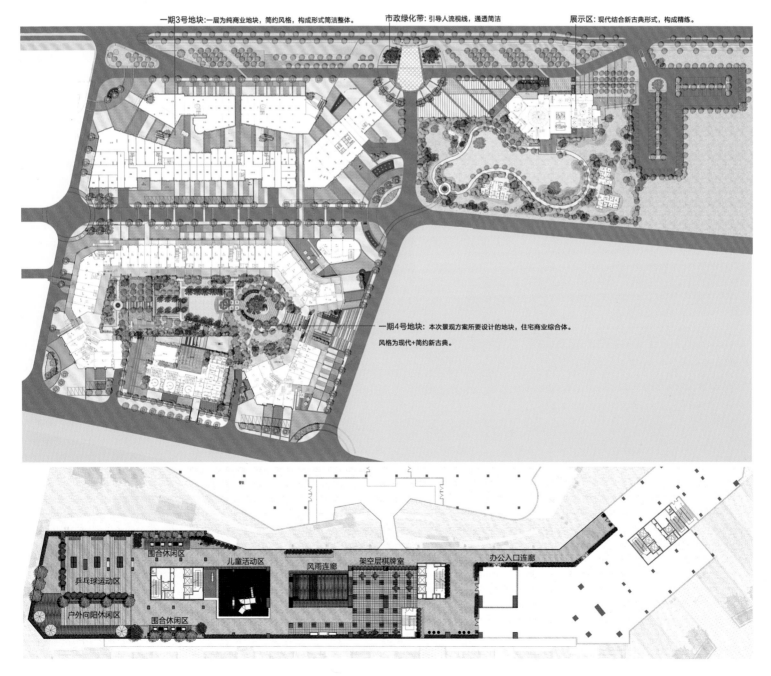

一期3号地块：一层为纯商业地块，简约风格，构成形式简洁整体。

市政绿化带：引导人流视线，通透简洁

展示区：现代结合新古典形式，构成精练。

一期4号地块：本次景观方案所要设计的地块，住宅商业综合体。
风格为现代+简约新古典。

乒乓球运动区

户外向阳休闲区

围合休闲区

围合休闲区

儿童活动区

风雨连廊

架空层棋牌室

办公入口连廊

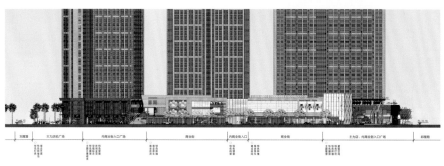

景瑞集团绍兴"望府"

设计公司：
SED 新西林景观国际

开发商：
景瑞地产

项目地点：
绍兴

面积：
300 000 m²

设计说明：

项目位于浙江省绍兴县，基地地处柯岩风景区板块，紧靠东担山。其交通便利，景观资源丰富，区位优势明显。项目周边有柯岩高尔夫别墅区、柯岩嘉华馥园，这些均为高品质楼盘，其景观中精致的细节处理及材料的应用都为本项目树立了很好的典范。

景观设计延续建筑风格，体现法式新古典的简雅、精辟，注重自然生态性。景观设计中将铺装的材料、色彩与建筑的材质、色调相协调，构筑物及小品也与建筑形式相统一，从而实现景观与建筑风格和谐共处。

项目环绕东担山布置，其山体西侧为矿山断崖。设计利用自然山地的先天条件，打造具有标志性的生态养生公园。设计欲表现一种全新的生活方式——"小隐于山，大隐于市"，以隐秘显大气，以低调显奢华，营造碧翠山水、烟霞婀娜的世外桃源画境，将尊贵避世、隐于山水之间的高品质生活社区尽展眼前。

设计师通过保留、利用其地势地貌及现状植被，打造出极具地形特征的山地休闲会所景观和自然山地健身、养生的社区公园。设计师通过地形改造解决了水位高差问题，利用梯级草坡和叠石驳岸等设计手法来处理现状河道及人工水溪，在考虑洪水位标高的同时营造一些亲水空间。

设计师认为"生态养生"为项目的本质精髓，在植物选种时，选取了当地具有药用价值的康体植物，在景观设计中引入了"健康"这一理念，并通过康体植物的配置、健身功能道（即围绕园区主干道设计的慢跑道、自行车道合二为一的多功能道路）及山地健身休闲空间的景观化处理，将"康体、养生"的主题思想贯穿全园，运用人性化的设计，体现人文关怀，回归养生居住的本源。

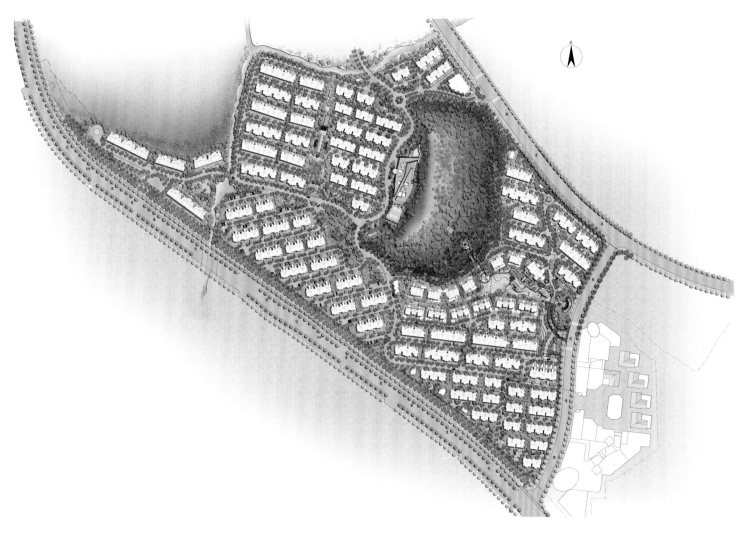

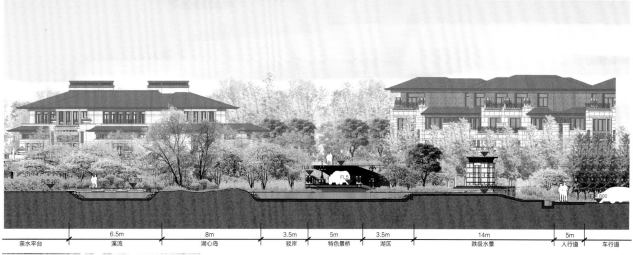

亲水平台		溪流		湖心岛		驳岸		特色景桥		湖区		跌级水景		人行道		车行道
	6.5m		8m		3.5m		5m		3.5m		14m		5m		

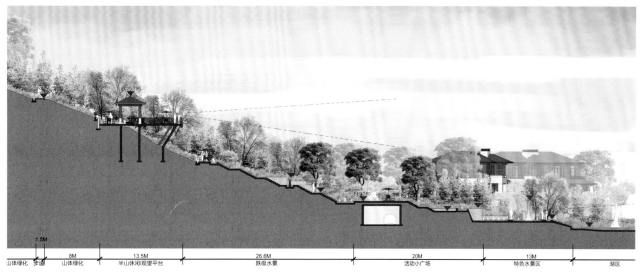

山体绿化		步道		山体绿化		半山休闲观望平台		跌级水景		活动小广场		特色水景区		湖区
	1.5M		8M		13.5M		26.6M		20M		13M		

丽江金茂雪山语

设计公司：

ECOLAND 易兰

项目地点：

丽江

面积：

33.33 hm²

设计说明：

　　丽江金茂雪山语位于丽江束河古城和玉龙雪山区域，东临玉泉路，南邻香江路，西侧为铂尔曼酒店及香格里拉大道，占地面积为 33.33hm²，属于居住区。项目地址为原世界遗产公园，具有天然的地理优势，内部林木茂盛，支流水系贯穿整个土地，且有两处较大面积的湖泊，自然水景、绿色植被条件优越，且北部临近玉龙雪山景区。

　　设计的最终目的是服务生活，提升公众的生活品质，既要符合当地的自然人文特点，也要避免再次规划带来的与原有环境不协调的情况。

　　丽江金茂雪山语的整体规划以居住区入口为界限，分为东、西两个区域。西侧利用现有自然资源，形成以湖景为主要体系的开阔型景观空间，设计主题为"平湖晓月"；东侧由于建筑密集，更适合于打造以植物为主的自然式景观，设计主题被定义为"溪山林语"。

　　西侧的平湖晓月区域，主要通过"一河串三湖"的规划方式，以丽江特有的白水河、泸沽湖、拉市湖、程海湖等不同类型的风景为蓝本，通过一条河将现有分散的三个湖区串联起来。在水系种植方面，小溪水系以垂柳为基调树，缓坡草坪结合点景大树及观花小乔木，亲水木平台周边采用主景树、小乔木结合常绿灌木、地被的手法。湖岸种植采用开敞草坪与片林相结合的方式，其间穿插大型树种，使空间变化多样，强调植物群体的变化，同时加入药草园的设计，使其更符合"静心、养生"的主题。

　　东侧的溪山林语区域，自然条件并不突出，因此设计师通过植物的密植，减弱了密集的建筑给人带来的拘谨和焦躁感，同时营造溪流、峡谷的自然景致，使建筑融入自然环境中。设计团队在考虑水体、场地及建筑的空间关系的基础上进行种植设计，使庭院水系种植起到遮掩建筑、增强空间层次的作用。

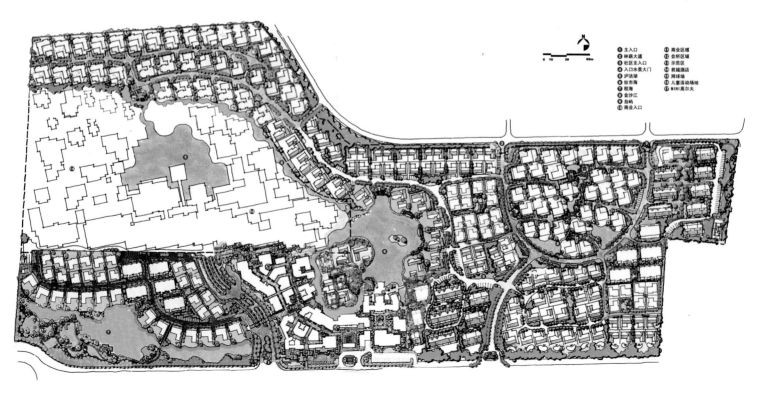

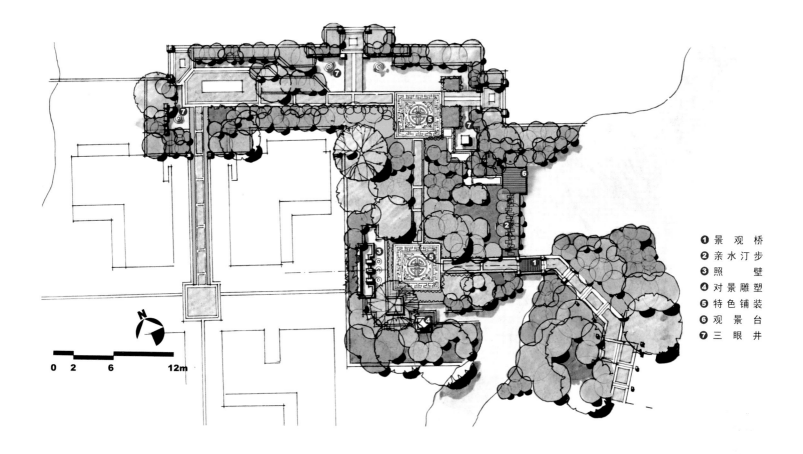

1 景 观 桥
2 亲 水 汀 步
3 照　　壁
4 对 景 雕 塑
5 特 色 铺 装
6 观 景 台
7 三 眼 井

上海绿地海域观园

设计公司:
飞扬国际

总设计师:
董冰

项目地点:
上海

面积:
83 000 m²

设计说明:

项目位于上海嘉定。整体项目由合院式别墅和高层住宅组成。别墅区风格为新中式,景观元素在材料和细节方面均与建筑外立面保持一致。景观设计在现有规划主入口狭窄、建筑密度偏高、绿化空间少的情况下,营造出高档的、有文化品位和江南特色的别墅生活环境。项目建成后得到业主高度认可,成为新中式别墅的经典案例。

通过对建筑的研究,设计师发现该项目兼具现代感和江南风情。项目以合院为空间特色,运用了大量独特的材料和细节。景观设计首先确定了建筑景观一体化的基本原则。为了与建筑相呼应,设计师采用了现代手法与中式传统园林空间精神相结合的理念,注重定制细节,彰显高贵品位。本项目的细节体现出精巧感觉,同时嵌入一些精致中式传统景观元素,以增加文化赏玩趣味。

针对高密度规划现状,设计师增加了种植密度和层次,同时在重点部位布置高大的姿态优美的乔木。此外,精心设计步行路径,构筑层次丰富的庭院空间,营造曲径通幽、步移景异的环境感受。

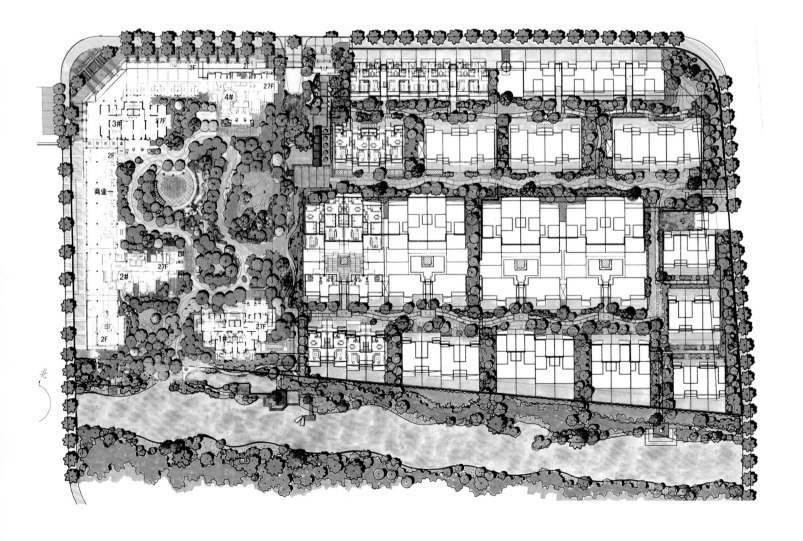

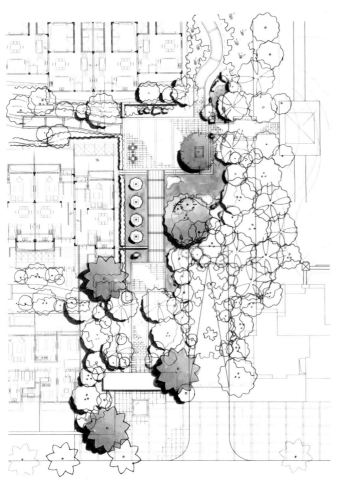

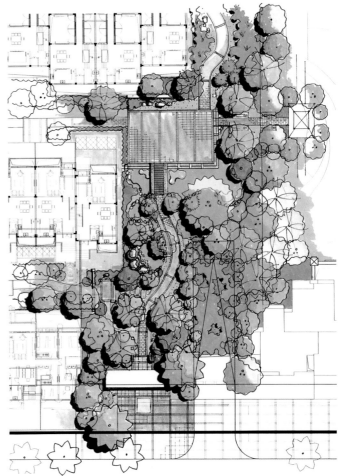

扬州三间院景观设计

设计公司：
XWHO I RECON
项目地点：
扬州
面积：
25 000 m²

设计说明：
　　本案通过对上层规划的深入解读、基地现状的整合分析，以及建筑风格的理解，提出了明确的设计定位，即"新亚洲风格"。本方案在延续建筑形式的前提下，结合新中式、东南亚景观设计手法，与周边环境形成完美呼应。针对各庭院功能定位的不同，利用简洁明快的设计手法，营造出一种具有现代美感的别致庭院空间。

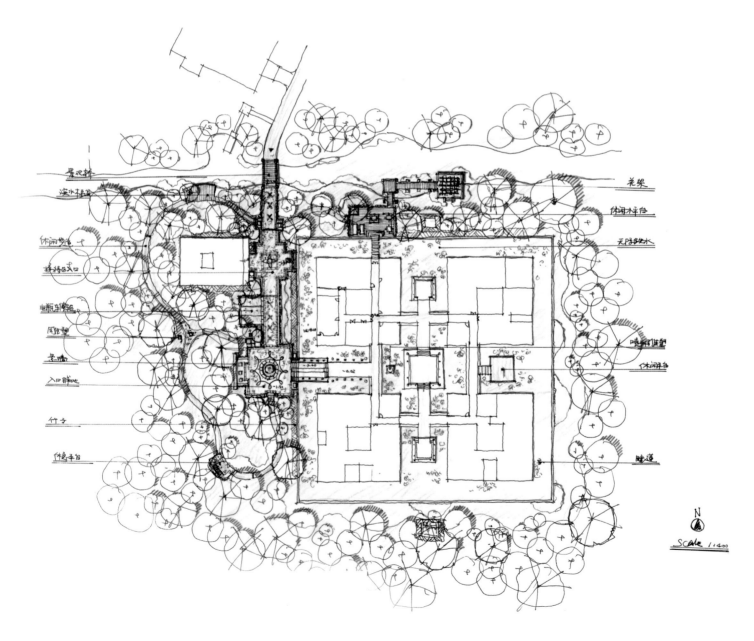

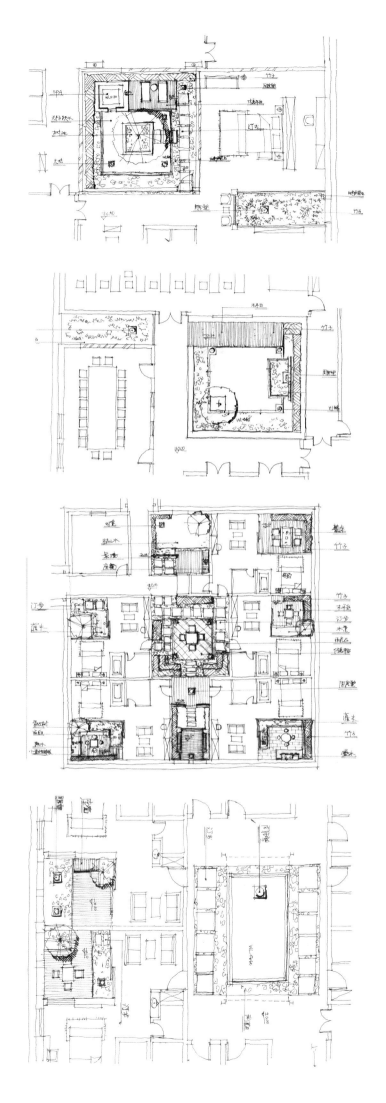

日照·原海印象

设计公司:

香港三境四合国际设计集团有限公司

开发商:

山东夏楷房地产有限公司

项目地点:

日照

面积:

93 816m²

设计说明:

日照·原海印象建筑及景观在设计上沿用了带有中式神韵的现代滨海风情庭院,以现代的手法演绎传统的精神,主张以具有浓厚地域特色的传统文化为根基,融入西方文化。把中式元素植入现代建筑语系,将传统意境和现代风格对称运用,用现代设计来隐喻中国的传统。

由于容积率的限制,小区内部大面积的绿地较少,因此小区内部道路的绿化显得尤为重要,设计者通过乔、灌、草多层次的植物配置,在道旁并不宽裕的绿地上营造出了绿意盎然的意境。

居住区内景观的质量,尤其是软景的质量很大程度上会影响建筑的形象,因此在进行别墅周围的景观设计时,更注重景观与建筑的融合,营造宜人的居住环境。

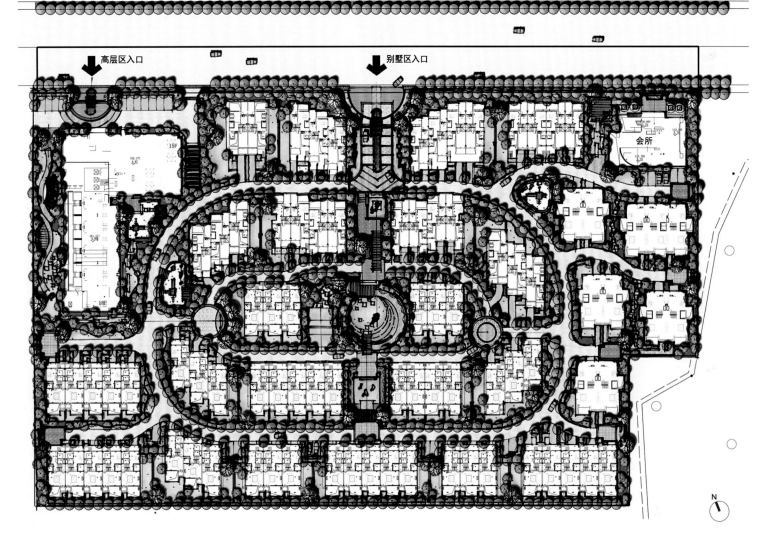

海岸江南

设计公司：
北京易德地景景观设计公司

设计师：
鲁旸

项目地点：
锦州

面积：
250 000 m²

设计说明：

本项目整体为江南徽派风格。在景观设计中，设计师继承和发扬了中国传统文化，以南方古典徽派园林设计为蓝本，继承中国传统哲学思想，使人们在有限的花园艺术空间中感受无限的意境，达到"心中有丘壑"的精神境界。同时，融入现代时尚的视觉感受、居住方式及生活理念，打造出一个既有中国历史文化底蕴，又有世界现代化感觉的融居住、休闲、娱乐于一体的人性化生活空间，从而演绎出本项目的设计理念——"新徽派"或称"新苏园"。

设计师把景观区域划分为"九曲、四园、四庭"。"九曲"源自具有奇幽佳景之意的江南"晦溪九曲"，分布在南北景观中轴线上的九个景区。游览者由南向北逐步而上，可向南俯瞰大海。"四园"源自"文房四宝"，分布在东西景观中轴线上，是历史文化空间的转换。白墙灰瓦精美雕饰的徽派景观犹如中国水墨山水画，固取名"笔园""墨园""纸园""砚园"。"四庭"源自四季，分布在宅间庭院之间。锦州四季分明，季相变化丰富，以春庭、夏庭、秋庭、冬庭为宅间四个庭院的主题，营造出四季有景、季季不同的庭院花园。

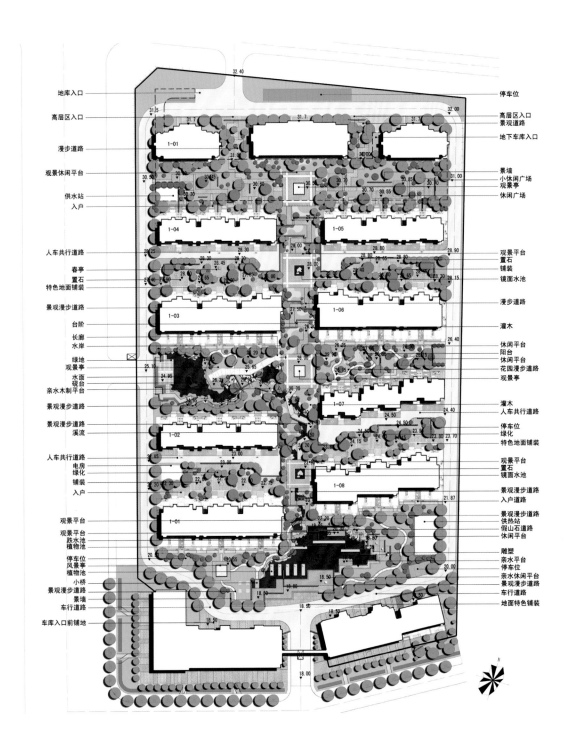

医闾江南

设计说明：

1. 长春园　园区东侧主园，是全园五彩篇章的开篇部分之一，主要种植早花植物，如连翘、报春花、杜鹃等早春开花的植物，以及梨花、樱花等乔木植物，营造"烟花三月下扬州"的浪漫景致，突显春来水暖的闲适环境。

2. 万春园　园区东侧主园，是全园五彩篇章的开篇部分之二，整个园区以"万春"为主线，着力营造多个趣味生动的活力空间，将江南古典的庭院空间引入园内。

3. 暖春园　西侧庭院区，区内主要为多层建筑，场地空间相对狭小，而暖春的主题意在打造可以给人们提供充分享受阳光的公共空间。设计时充分地利用场地现有的条件，利用流动的水体打造可供儿童戏水的活力空间，同时在场地中巧妙地利用植物围合空间和微塑造地形。

4. 畅春园　畅春园位于园区中部核心区域，是全园"叙事"的高潮部分。设计师利用水体和建筑的结合打造灵动而高贵的景观空间，以点景的方式，将观澜亭作为体现场地品质的集中点。平面布局上，曲折的小路串联了精致的私家庭院，古典景观小品充分营造出悠闲、雅致的庭院氛围。

5. 迎春园　东侧庭院区，区内利用地上部分的车库顶板创造了可供人们休息的活动空间。

<table>
<tr><td>

设计公司：
北京易德地景景观设计公司

设计师：
鲁旸

项目地点：
北镇

面积：
35 000 m²

</td></tr>
</table>

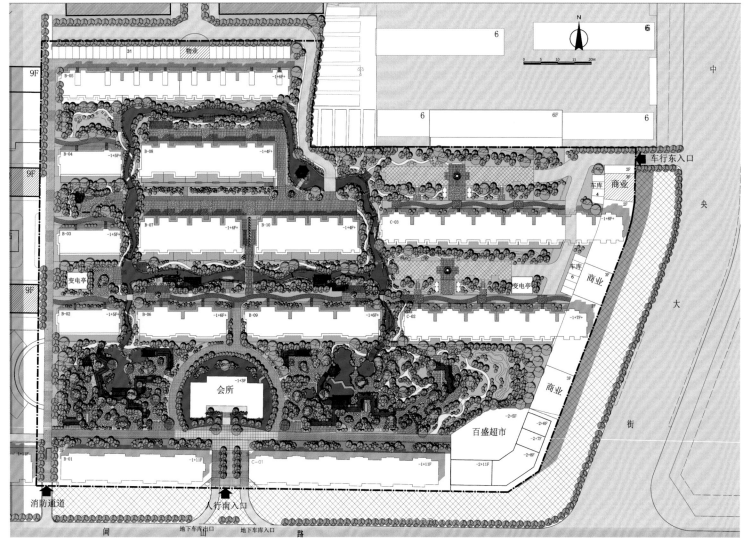

上海春江美庐

设计公司：

杭州言艺景观设计有限公司

建设单位：

上海佳辰房产

设计师：

孟忠春、徐松岩

项目地点：

上海

面积：

7.8 hm²

设计说明：

1. 对传统中式墙、门的重新解读。

2. 传统中式元素与现代都市审美的结合。

3. 现代人的都市生活和传统居住意义的重新定义。

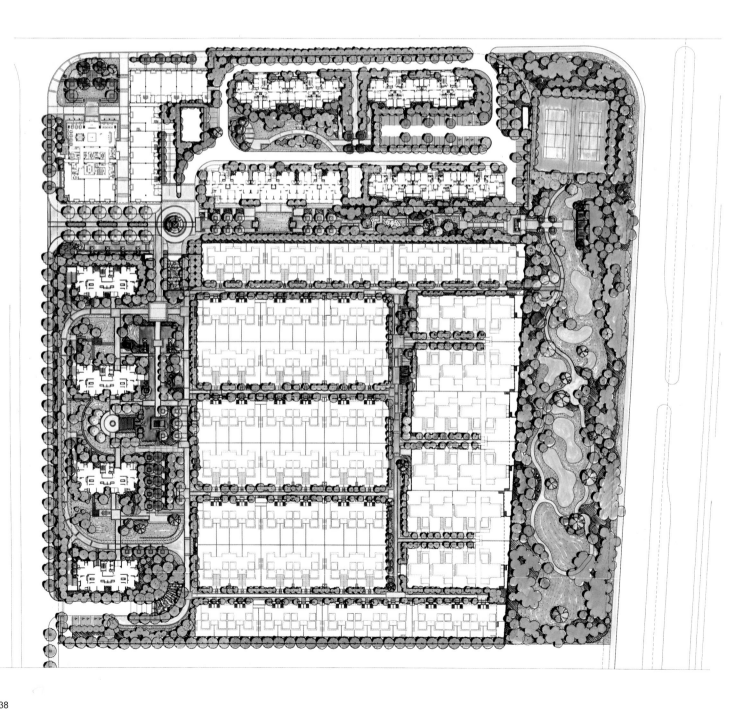

西安曲池坊

设计公司：
广州普邦园林股份有限公司
总设计师：
黄庆和、卓永桓
绿化设计总监：
全小燕、左小霞
主要设计人员：
黄鹤清、王雄辉、劳杰明、陈为忠、关子钰、
黎小田、吕彩颜、刘财丰、李 立、陈利华
项目地点：
西安

设计说明：

　　根据建筑规划和设计的风格定位，本项目园林环境的设计大致采用传统写意山水园的形式，并适当加以符合时代性要求和审美特点的改进。全园由东西向和南北向两条主要景观轴线及三个组团宅间景观构成，以景观水系进行连接和统一，多个景观区域形成统一和谐的整体。

　　景观设计和组织有效利用了地形高差的变化，并运用传统造园艺术中的框景手法，创造"步移景异、处处成画"的游览视觉效果，同时提炼地方文化中的代表性元素进行创造性应用，强化全园的人文气息，实现"古貌新风"的设计目标。

　　概括起来，园林景观设置突出了五个方面的特色：①浓郁的东方文化特色；②关中大宅的尊贵和大气；③精致且艺术化的工艺处理；④浑然天成的自然山水式的视觉效果；⑤合理实用的使用功能设置。

　　本项目体现了"关中文化"的地域风情，细部设计和工艺做法更接近传统形式，最终取得了良好的效果。在大空间体现气势的同时用细腻精巧的细部处理来显示古典园林文化的内涵。本项目是新中式风格与地方特色文化结合的成功案例。

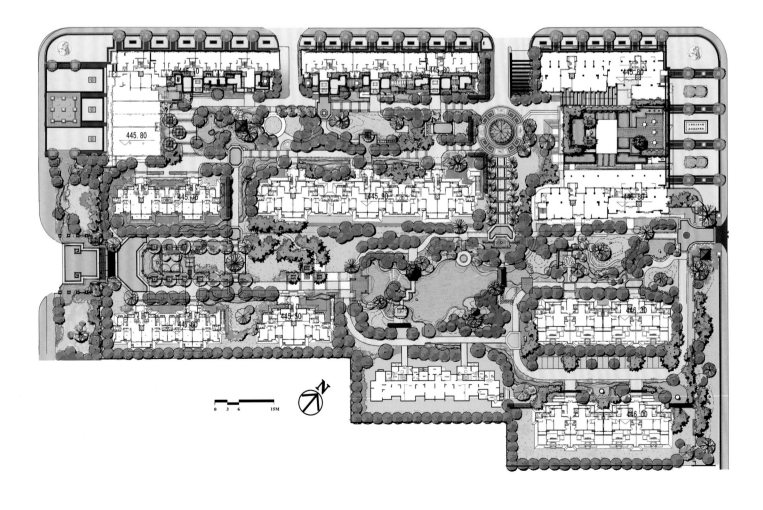

北京中信沁园

设计公司：
EADG 泛亚国际
项目地点：
北京
面积：
40 000 m²

设计说明：

项目位于北京二环内繁华地带，周围有很多著名历史建筑遗迹，也有很多现代地标性建筑，是一个非常典型的古典与现代、繁华与安静、多种文化交融的当代北京老城区。景观设计提炼了周围历史文化底蕴及地块优势，塑造出新中式古典园林景观。

项目空间较为规整，景观设计以新中式元素作为点睛之笔，秉承"崇尚自然、尊重自然、回归自然"的设计理念，减少高大建筑对人的压迫感，丰富空间层次，使得宅间景观更具亲和力。设计师利用良好的基地条件做出了丰富的地形变化。园路蜿蜒其中，随地形高低变化。一条龙溪由西至东，逐级跌落。景观效果追求自然，尽可能减少人造痕迹。

园林景观中，多选用青砖、瓦片、地雕等突出中国古典园林文化的材料。入口广场，中心处的铺装以"福、禄、寿、喜"纹样地雕为主，配以青瓦、青色、白色花岗石、自然面料石等多种铺装材料，突出新中式园林特色。

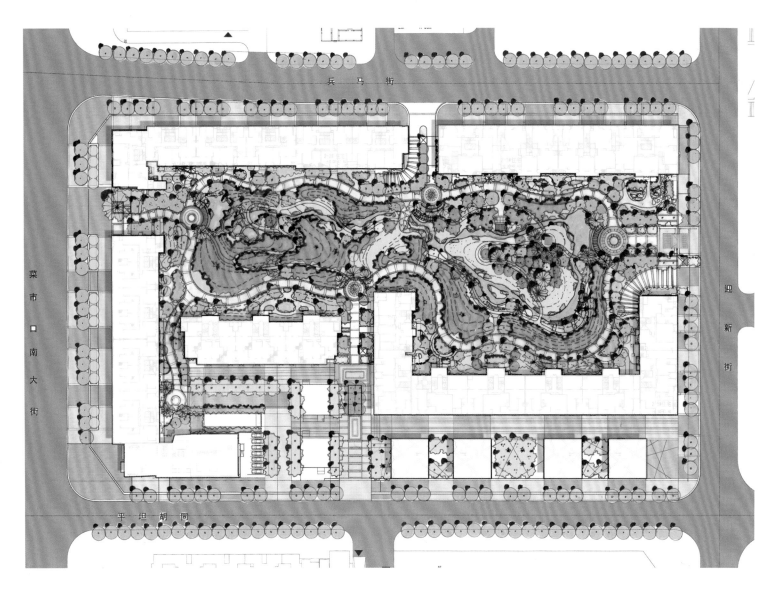

青岛龙湖滟澜海岸

设计公司：
笛东联合（北京）规划设计顾问有限公司
项目地点：
青岛
项目面积：
363 000 m²

设计说明：

龙湖滟澜海岸坐落于青岛城阳区白沙河入海湾畔，主要有别墅和精装公寓。本案规划有三大公园（滨海公园、河滨公园、体育公园），约10hm²的商业配套，以及教育、医疗等生活配套。景观设计师在对场地规划、建筑类型及围合方式分析的基础上，确定了景观布局：别墅区形成"一中心景观轴，一环形绿带"的结构。遵循私家庭院最大化的原则，公共空间采用"小中见大"的手法，利用植物夹道的小径和开放场地的交替变化，产生步移景异、空间大小对比明显的心理感受。精心设计好的以水系为主的中心景观轴和混交的环形林荫主环路，形成别墅区的整体景观框架，在保证私家庭院面积最大化的前提下，通过多重植物景观的营造，保证庭院的私密性。

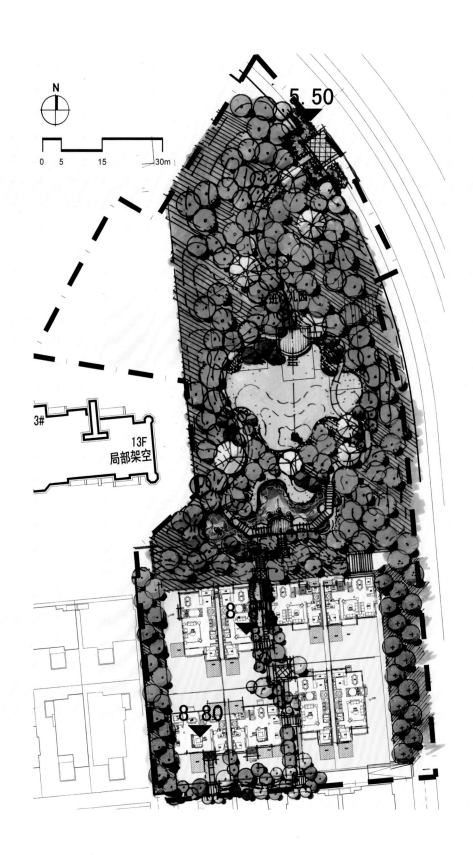

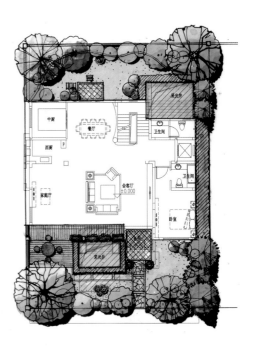

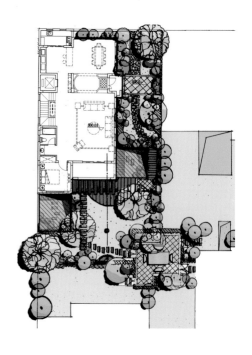

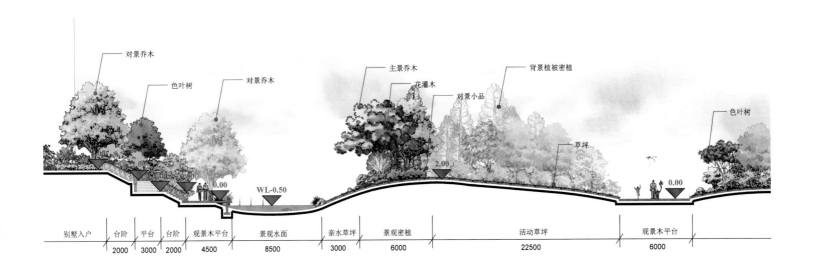

别墅入户	台阶	平台	台阶	观景木平台	景观水面	亲水草坪	景观密植	活动草坪	观景木平台
	2000	3000	2000	4500	8500	3000	6000	22500	6000

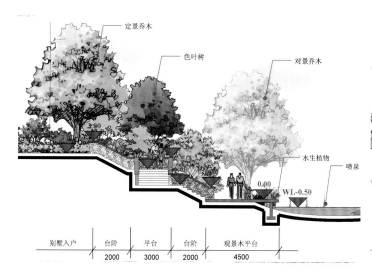

定景乔木

色叶树

对景乔木

水生植物

喷泉

别墅入户	台阶	平台	台阶	观景木平台
	2000	3000	2000	4500

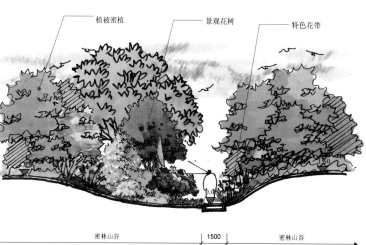

植被密植

景观花树

特色花带

密林山谷	1500	密林山谷

三盛托斯卡纳

设计公司：
笛东联合（北京）规划设计顾问有限公司
项目地点：
福州

设计说明：

　　三盛托斯卡纳坐落于福建省福州市，是距乌龙江大桥最近的南岸社区。

　　景观概念设计采用"香湖、花谷、九条廊道"的结构体系。香湖是本项目景观最重要的部分，也是景观的亮点所在。花谷和廊道是各个住宅区通往香湖的不同景观步道，也是湖面景观向社区内部的延伸。花谷是南北向贯穿整个社区的一条布满各种观花植物的休闲步道，根据所穿越地块的不同具有不同的特点。

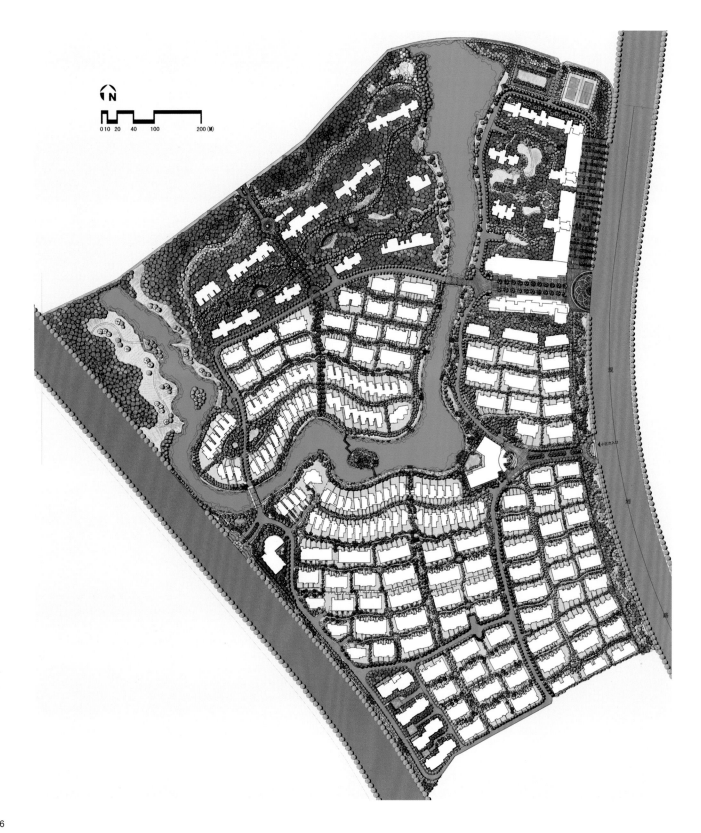

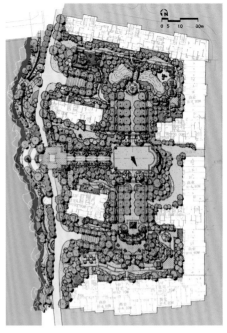

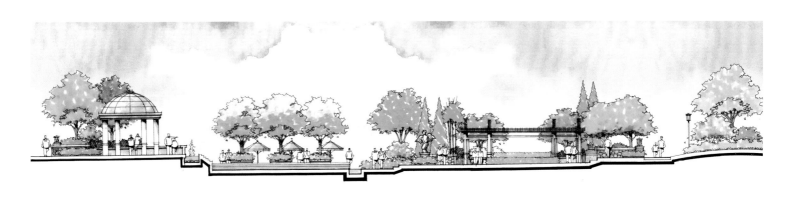

西安龙湖香醍国际

设计公司：

笛东联合（北京）规划设计顾问有限公司

设计师：

袁松亭

项目地点：

西安

面积：

31 hm²

设计说明：

　　"香醍国际"西班牙庄园风格的景观倡导"回归自然"，力求表现悠闲、舒畅、自然、浪漫的庄园生活情趣，营造出集休闲、康乐、艺术为一体的崭新生活方式。

　　在设计中，景观的艺术性、场景性贯穿整个区域，每一个停留空间都是生活片段的缩影，每一个角度都是一幅美丽的画面。景观小品频频点缀，藏而不露，浪漫花海掩映于绿林之中。树林、庄园、草坡、曲径、清泉成为业主每日归家的向导。景观节点与艺术、文化联系，使得景观具有生命力。景观用料崇尚自然，采用砖、陶、木、石、藤等材料。设计通过植物配置把居住空间变为"绿色"空间，结合家具陈设等配置植物，用植物组团做重点装饰与边角装饰，使植物融于居室，创造出自然、质朴、高雅的氛围。

图例：
1 北侧主入口　　　15 入户
2 LOGO景墙　　　16 组团入口
3 临水漫步道　　　17 草坪活动空间
4 密林　　　　　　18 商业街广场
5 活动场地　　　　19 行道树
6 亲水平台　　　　20 集中商业广场
7 草坡入水　　　　21 地库入口
8 景观跌水　　　　22 代征绿地
9 入口平台　　　　23 景观花带
10 南侧主入口
11 庭院活动空间
12 社区主环路
13 消防回车场
14 园路

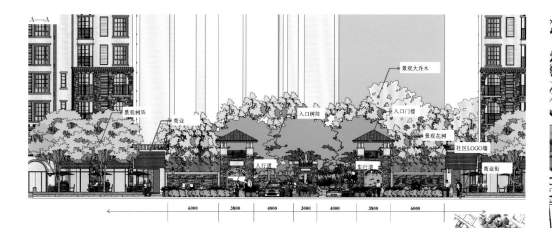

景观大乔木
景观树阵
商业
入口树阵
入口门楼
景观花树
社区LOGO墙
人行道
车行道
商业街

6000　3800　4000　3000　4000　3800　6000

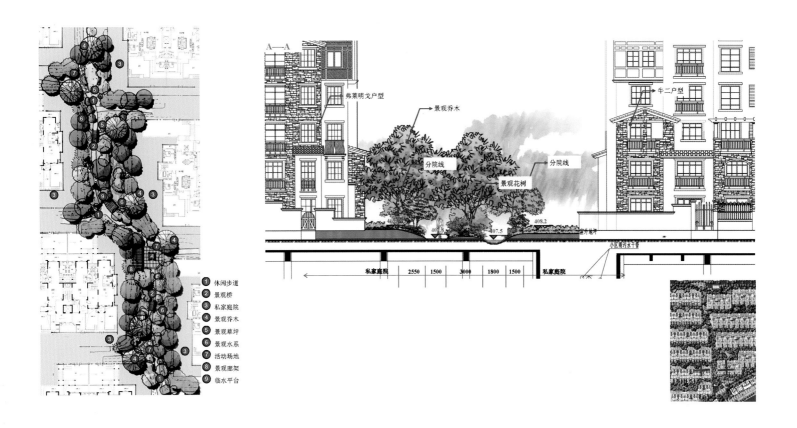

A—A

弗莱明戈户型

景观乔木

分院线

景观花树

分院线

牛二户型

室外地坪

小区雨污水干管

私家庭院   2550 1500 3000 1800 1500   私家庭院

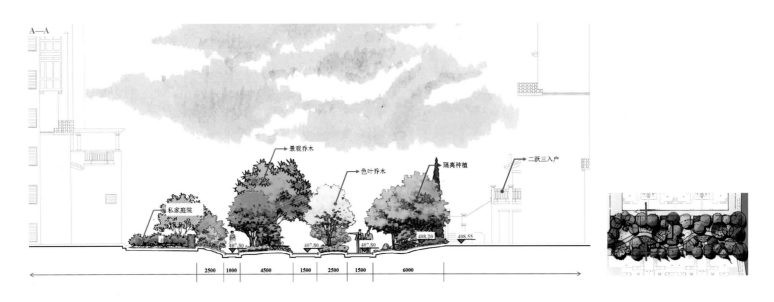

A—A

景观乔木

色叶乔木

隔离种植

二跃三入户

私家庭院

2500 1000 4500 1500 2500 1500 6000

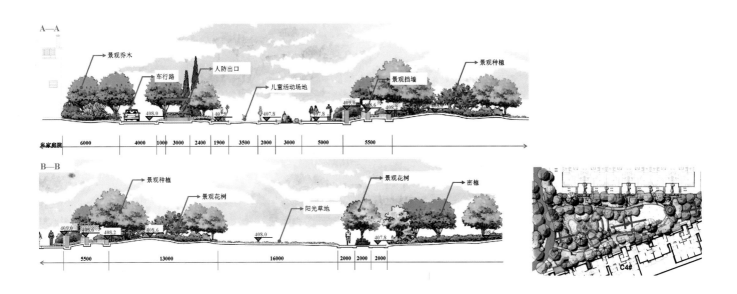

A—A

景观乔木

车行路

人防出口

儿童活动场地

景观挡墙

景观种植

私家庭院 6000 4000 1000 3000 2400 1900 3500 2000 3000 5000 5500

B—B

景观种植

景观花树

阳光草地

景观花树

密植

5500 13000 16000 2000 2000 2000

C4#

① 休闲步道
② 景观桥
③ 私家庭院
④ 景观乔木
⑤ 景观草坪
⑥ 景观水系
⑦ 活动场地
⑧ 景观廊架
⑨ 临水平台

贵阳中铁逸都国际

设计公司：

笛东联合（北京）规划设计顾问有限公司

建设公司：

中铁集团

项目地点：

贵阳

面积：

1 350 000 m²

设计说明：

项目位于金阳新区南部位置，是当前贵阳规模最大的综合性楼盘之一。北临石林路，对面是建设中的奥体中心和石林公园；东临城市形象中轴线——"金阳大道"，与金源世纪城一路相隔；南接城市快速干线——北京西路；距离主城区仅五分钟车程，交通十分便利。

设计师结合项目"山地、谷地、台地"的地理特征，并通过将"山、谷、水、林、花"五大元素创造性地应用，塑造出"山地小镇、滨水之城、台地花园"三个不同景观主题的分区。在提升总体品质的同时，也衍生出不同区域的风格特色。

项目结合贵阳独特的地理气候和自然、人文特征，创新提出"和而不同"混搭设计的规划理念。在建筑美学上，使用了大块石头堆砌的烟囱、原色枕木铺垫的栈道、温暖色调的墙面、曲线柔美的拱门、深红色陶瓦的屋顶，将具有异域风情的建筑格调表现得淋漓尽致。

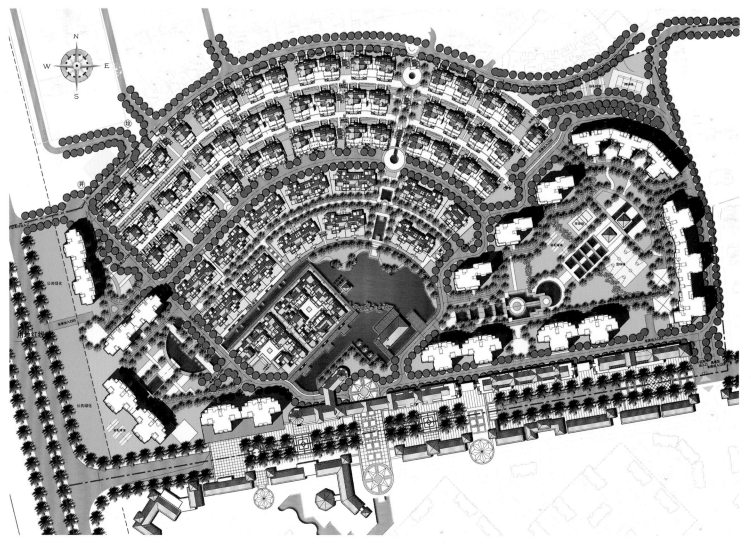

北京万通天竺新新家园

设计公司：
奥雅设计集团
开发商：
北京万通地产股份有限公司
项目地点：
北京
面积：
24.9828 hm²

设计说明：

社区整体分三部分：高层区湖景，一区绿溪，二区花园。

1. 高层区湖景　位于社区入口的湖景，体现了社区的"热情与亲和"，配以西班牙式的建筑语言和舒展、开朗的景观形式，呈现出住户精致、优雅的生活情趣。

2. 一区绿溪　溪流环抱村落的景观处理模式，体现出住户恬淡、自然的生活方式，迎合现代人追求宁静的心理状态，喧嚣中由溪流开辟出幽静的休闲空间，让人沉迷，宁静而致远。由植物和自然溪流围合的私家庭院形式质朴、景观卓越。

3. 二区花园　二区着重打造纯正的西班牙乡村居住氛围，倡导高品质的生活体验，突显院落生活情调，封闭的南院和开敞的北院被确定为最终的设计实施方案。北院，将狭小院落景观资源的优势最大化，让北花园成为令人满足和羡慕的景观空间，是半私密的花园。南花园则结合高差变化，配合绿化实现软性封闭，院内结合地库柱梁配植乔木、灌木，较有效地阻挡了垂直视觉干扰，形成独享的私密庭院。公共景观巷道着力渲染托斯卡纳小镇风情，利用拱门形式提高单元的可识别性和导向性，为社区居民提供休闲、散步的风情巷道景观。环绕二区的边沿绿化中，设置了一些景观功能场所，例如儿童活动区、休闲草坪、健身器械区域等，满足了一定的公共活动使用功能。整个二区框架清晰、单元明确，景观布局合理，归属性、识别性均好，加上风情植物的配合，成就了舒适、惬意的院落。

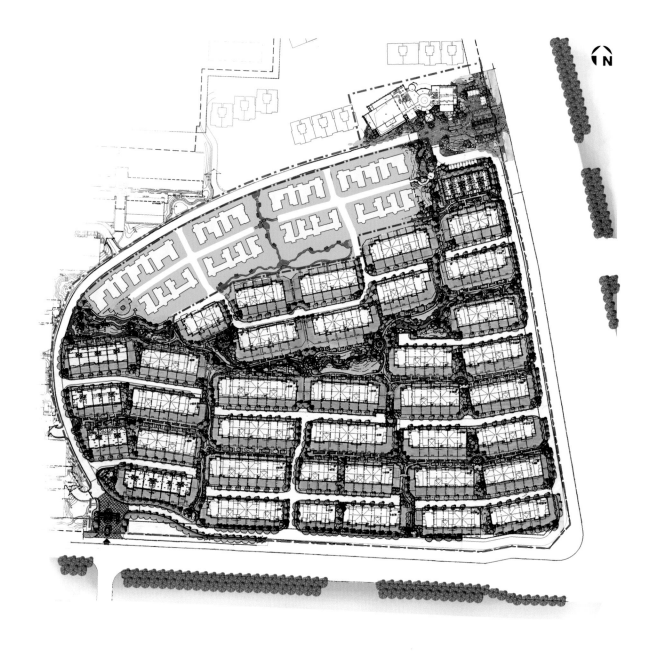

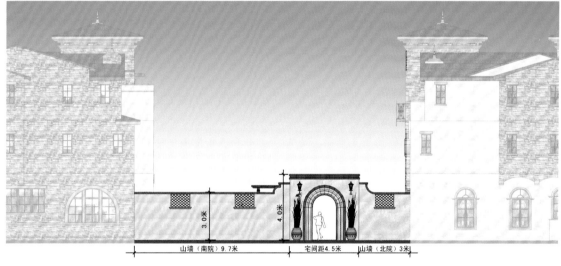

3.0米

4.0米

山墙（南院）9.7米　　宅间距4.5米　山墙（北院）3米

2.5米分户墙

1.5米分户墙

2.5米景墙

2米高围

1.8米高围

1.5米高围

南院范围　　宅间距4.5米　　北院范围

龙湖悠山郡（无锡阳山）

建筑设计：
美国优道建筑设计（上海）有限公司
景观设计：
上海伍鼎景观设计咨询有限公司
项目地点：
无锡
面积：
12 533 m²

设计说明：

　　龙湖悠山郡位于无锡阳山镇东北部，狮子山和长腰山北面，是原阳山镇老镇区。基地呈不规整梯形，整体地势比较平整。地块南望狮子山、长腰山，北有新渎河贯穿，拥有湛蓝的天、甘甜的水、迷人的桃树……本地块的规划设计中充分考虑环境条件，充分借用优越的自然景观，提升了绿化的品质。

　　通透的住宅庭院、几何绿化、锦簇花卉、健康步道、嬉戏景点、休闲小品，结合台阶、挡土墙、合理布置的小坡道，满足了居住者的各项需求。

　　小区多层住宅、小高层住宅绿化以景观花园的形式为主，低层叠院住宅、低层联排住宅等以均衡庭院景观为主，都拥有大面积的庭院绿地。设计师将规划设计、景观设计、建筑设计乃至小品、路牌的设计都纳入一个统一的风格之中。

　　售楼处位于地块中心位置，并直接面向城市，售楼处的标志性高塔也成为城市的一个地标，同时，纯正的托斯卡纳风格鲜明地表现出项目的建筑理念和产品特征。设计师延长了客户从城市空间到展示中心的停留时间，空间的收放、开合极为讲究，创造了不同于寻常售楼处的场所感和参与感。

　　示范单位的前庭后院中，密植了高大乔木、小乔木、花灌木、花卉、草坪，形成了五层植物景观。植物层次设计合理，植物色彩搭配协调，从而形成了独特的立体景观。在种植了不同色彩的树木和花卉的空间中，客户可以感受四季的变化。设计师力求用高品质的景观示范区打动现场客户。

南充天庐别墅

设计公司：
香港美林国际景观设计有限公司
成都美瑞林景观设计师事务所
项目地点：
南充
面积：
222 111 m²

设计说明：

天庐别墅位于南充市嘉陵区滨江大道南端，背靠青山如黛的凤垭山，前邻碧波荡漾的嘉陵江，连接千年绸都万亩桑茔，占据了"成渝第三城"得天独厚的人文地脉。建成后将成为南充市最大的高端生活住区。

项目规划了一座五星级酒店和一个情景水上游乐园，并以此作为项目 VIP 配套及城市区域功能配套，为业主打造尊贵、唯美、舒适的居住氛围。

四大功能：根据规划方案，天庐湾区的开发将满足居住、文化、旅游、生态的四大功能，并不断升级完善，达到国际一流的社区水准。

风格介绍：天庐别墅所在的嘉陵江江湾长约 1500km，是城中滨江大道上最后一块未经开发的宝地。别墅区采用北美风格，将建成一条滨江绿色长廊、一座世界一流的水上休闲乐园及一系列高档的商务配套。

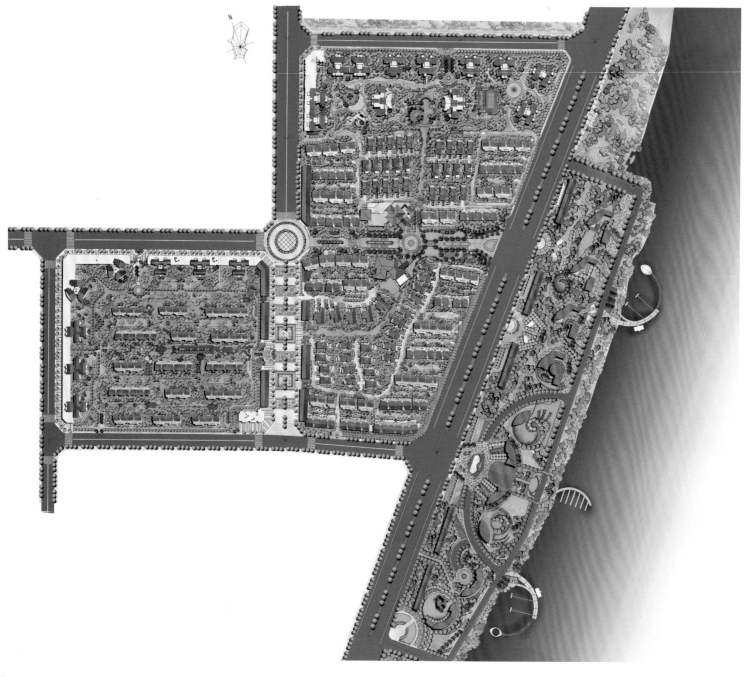

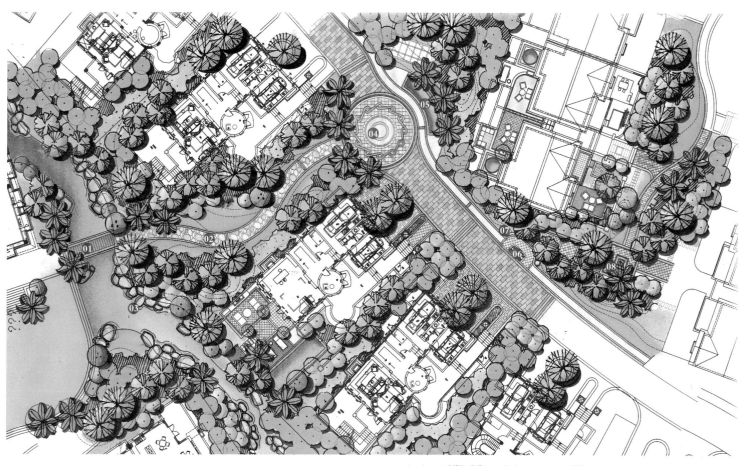

成都南郡七英里

设计公司：
北京翰时国际建筑设计咨询有限公司
项目地点：
成都
面积：
85 355 m²

设计说明：

　　本项目位于成都市南人民南路沿线，西邻成仁公路。项目用地面积为 99 693.8 m²，规划总建筑面积为 85 354.8 m²。规划整体布局借鉴欧洲小镇住宅的形式，同时融入中国传统庭院理念，通过建筑围合，形成相对私密、尺度宜人的组团院落，营造既保持传统文化又独具西方舒适性的生活氛围。植物组团向中心水系渗透，将每个组团包围在环状绿岛中央。项目户型设计极大地满足了使用的合理性及舒适性，每户均享有前后庭院及围合式内庭院，在户内形成露天空间。各种不同庭院空间的设计，既继承川西文脉，又加以创新，以塑造邻里空间为主题，创造都市内的庄园生活。

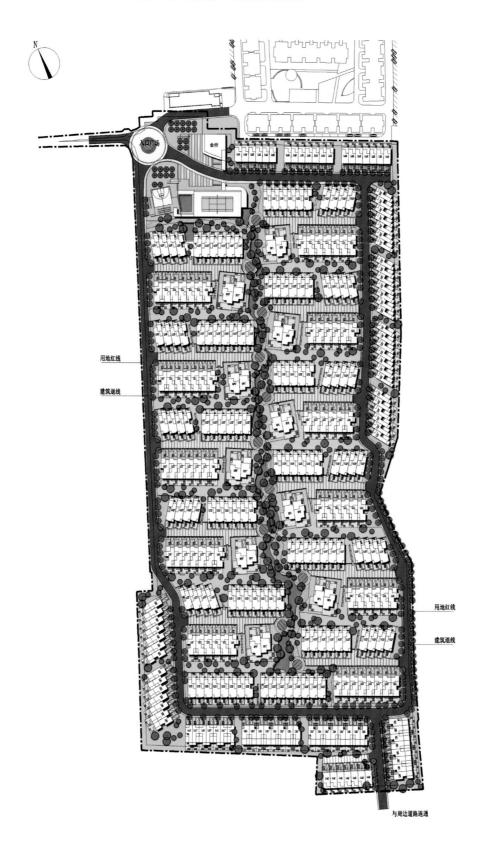

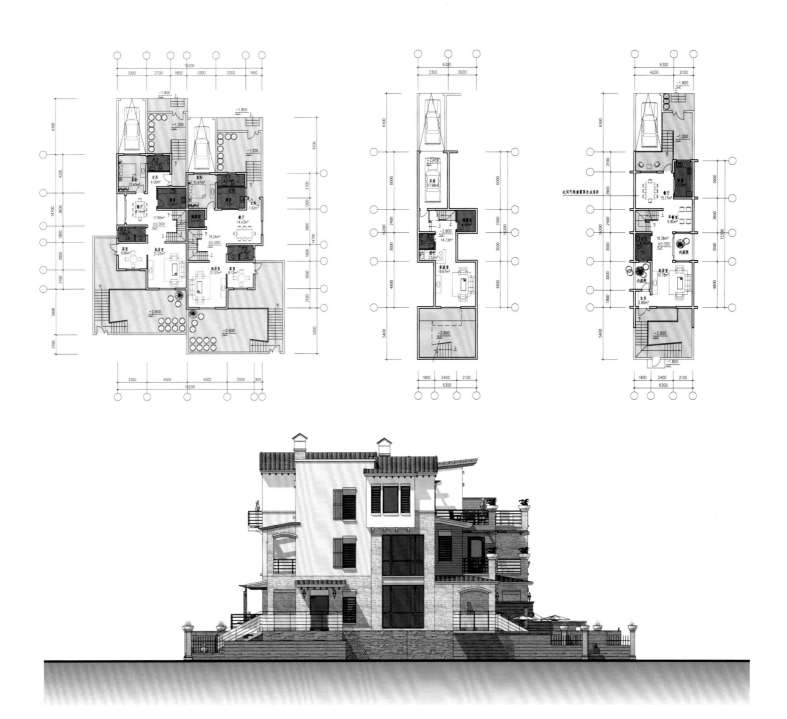

MANSION

三亚铂爵公馆

设计公司：

北京翰时国际建筑设计咨询有限公司

项目地点：

三亚

面积：

3.1 hm²

设计说明：

　　本项目位于中国著名的海滨旅游度假胜地三亚市的海坡区，南临大海，北枕凤凰山。项目总占地 2.79 hm²，拟建总建筑面积约 3.1hm²。其中公寓建筑约 2.8hm²，度假别墅约 0.23hm²。该项目定位为高贵、典雅的酒店式公寓及独栋别墅。项目外部空间着重强调轴线序列、以小见大及空间的收放。用地北端的公寓建筑布局与传统的建筑布局方式相契合，建筑两翼向大海的方向伸出，呈环抱之势。在空间营造上，公寓建筑围合基地形成内部庭院空间，并在宅前设水，使水系环绕庭院，充满生机。

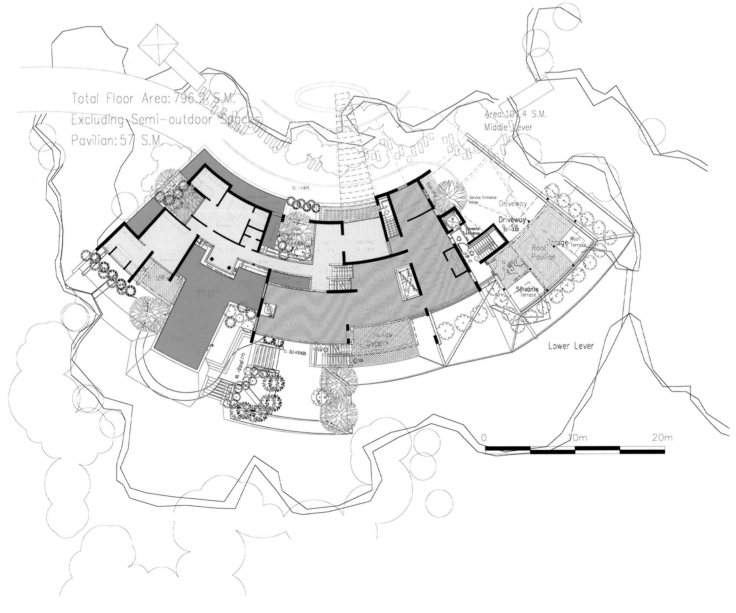

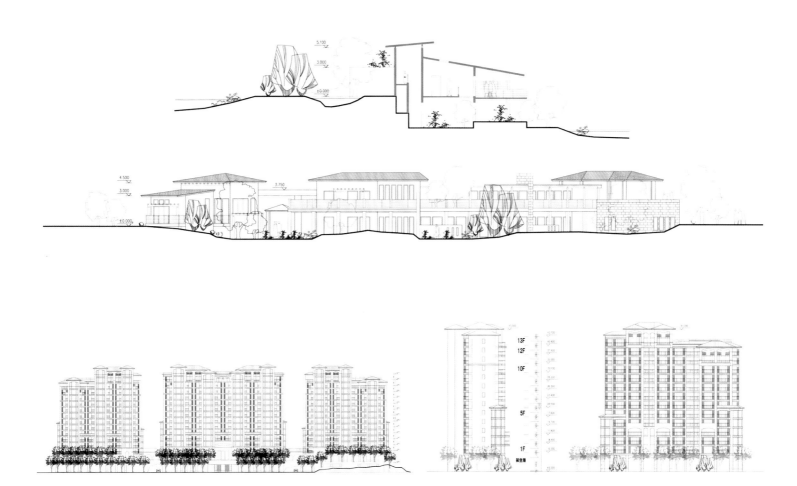

福清中联蓝顶棚园

设计公司:
澳大利亚·柏涛景观
项目地点:
福清
面积:
15 144 m²

设计说明:

    中联蓝顶棚园位于福建省福清市清泓街南侧,福人大道西侧,这里是福清市最具活力的西区核心板块,紧临"两馆一中心"及风光秀美的龙江滨四大主题公园。中联蓝顶棚园地处福清"四横七纵"交通网络中心,沿着福人大道、清泓街可以方便、顺畅地到达福清城市任何一个地方,距福厦高速公路福清出口处仅数分钟的车程,驾车及乘车均可轻松往返福州、泉州、厦门等地。

    该项目景观设计努力营造欧式皇家园林景观,对园林的每一个细节都精雕细琢、精益求精。景观依地势而建,以浓密的林木为背景,并进行多重绿化设计,打造全方位立体化的私家尊享园林,让居住者在视觉盛宴中品味舒适的生活。设计师围绕着中央水景,设计了风情广场、喷泉、跌水、水池、亲水平台等景点,以及亭、桥、木栈道等多样化的休憩场所,为园林增添灵动气韵,让居住者的生活充满无限情趣。此外,无论是在园林车行便道旁,还是在湖畔亲水平台,或者休闲广场,充满浓郁欧陆风情的建筑小品都随处可见。古典气息浓郁的欧式壁灯、名师雕刻的各色雕塑、花岗石打凿的花钵等,无不演绎着栩栩如生的欧式园林艺术。设计将欧式贵族园林内涵进行了完美演绎,于绚丽中彰显气派,在精致中倍显尊贵。

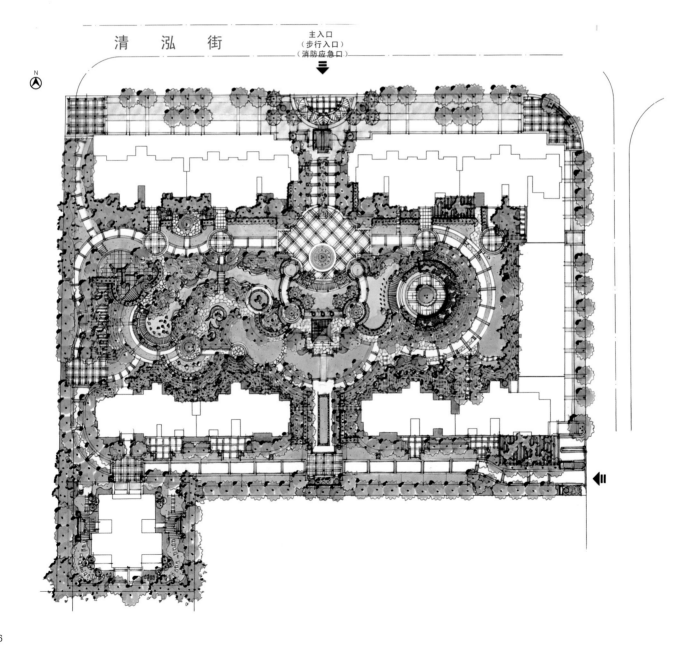

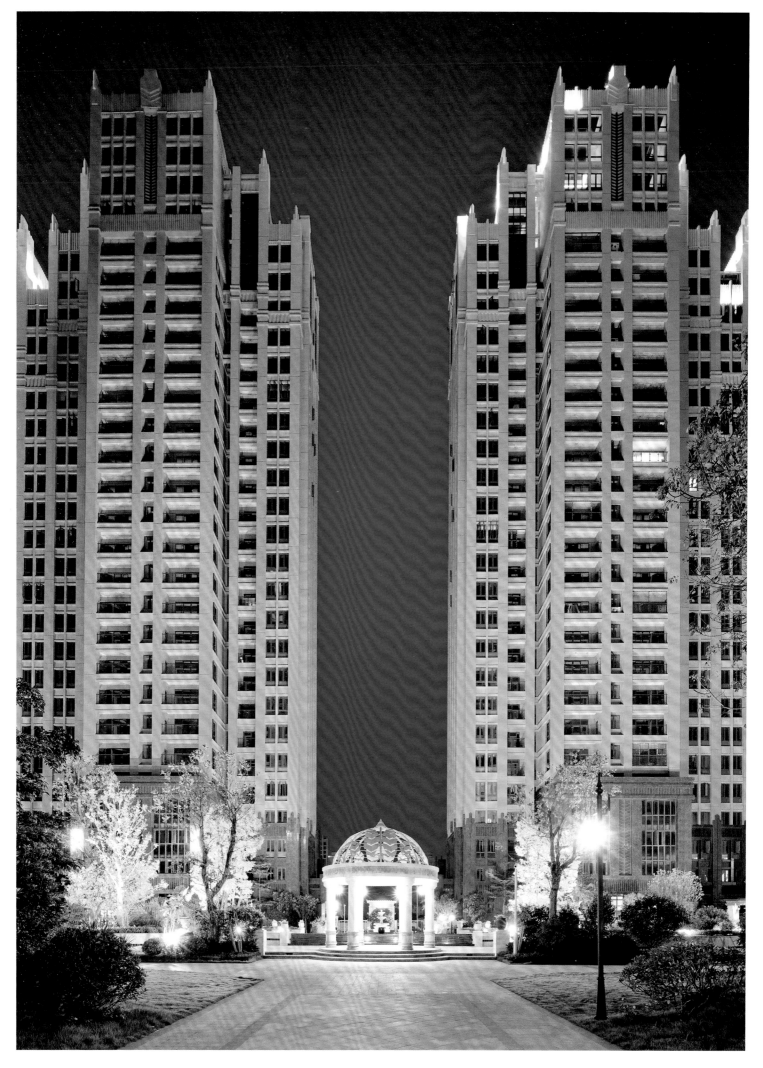

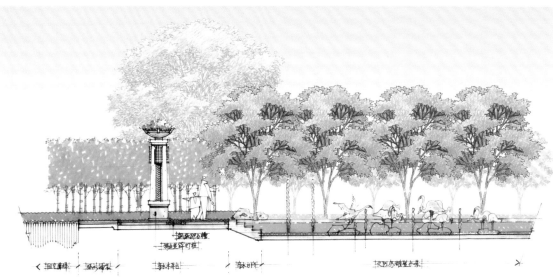

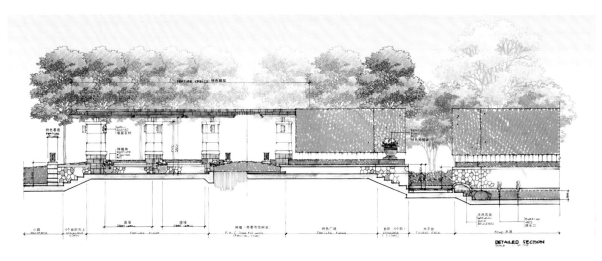

DETAILED SECTION

嘉兴紫金凰庭

设计公司：
澳大利亚·柏涛景观
项目地点：
嘉兴
面积：
28 000 m²

设计说明：

紫金凰庭位于浙江省嘉兴市首席顶级别墅聚居区，毗邻千亩湿地公园，紧邻丁香花园、星洲艺墅春天等。

紫金凰庭北面和西面两面环水，在景观设计上讲究生态景观的延伸，设计师采用涌泉、小溪、沿岸垂柳、水生植物、景石等元素构建水景，让中心水景更具野趣。小区主入口旁设置的停车场入口，采取了完全的人车分流体系，车走地下，人行地上，从而，行人更安全，孩子们玩耍更无忧无虑。绿化设计方面，种植了昂贵的百年大树和百种丰富的花草、树木，打造了五层的植物组团：一层为绿油油的小草层，二层为用花卉、小灌木打造的五彩缤纷的色带层，三层为 2～3m 供人观赏的青翠茂盛的灌木层，四层为 4～5 m 的小乔木层，五层为 7～8 m 的挺拔高耸、勾勒天际的大乔木层。五层植物打造了绿意盎然的景观效果，带给居住者更充实、自然的生活体验。

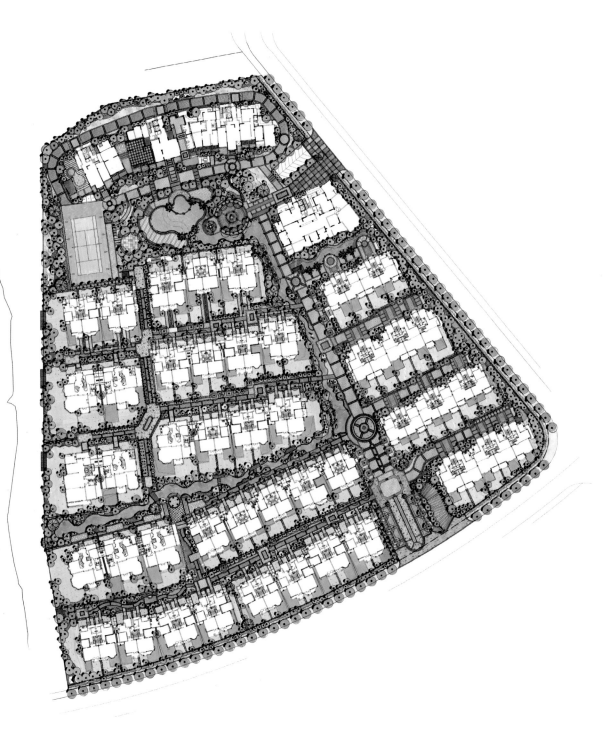

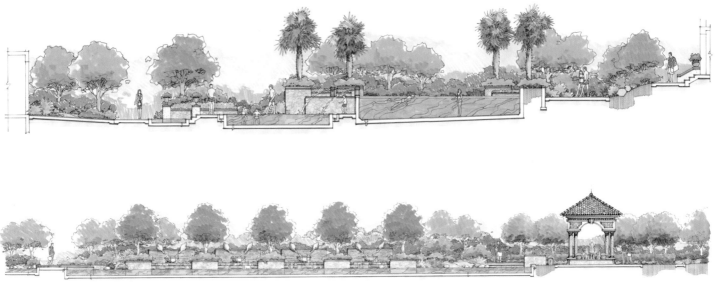

武汉金域天下

设计公司：
澳大利亚·柏涛景观

项目地点：
武汉

面积：
92 000 m²

设计说明：

武汉金域天下位于湖北省武汉市洪山区。项目用地地势平坦，整体街区与建筑规划较为方正，给中心园林空间格局创造了良好的设计条件。

设计师将新古典主义风格和现代主义手法相融合，着力打造现代与古典相交触的欧式皇家园林景观庭院及现代化、高品质的人文社区。小区内部设施配套齐全——豪华会所、高层住宅塔楼、公共办公区、多功能商业购物区等——全方位地提升了整个楼盘的文化品位。

本项目的景观概念设计方案意在打造一个全新的优雅的居住环境、一个功能性强的欧式花园。设计师在对欧式风情庄园等一系列相关建筑的研究基础上，精心设计了本项目的景观空间。此项目分为东、西两个地块，主入口位于地块中心规划道路上，设计上采用"一轴、一水、两环"的规划手法，并与欧式大轴线对称手法相结合进行创作。设计师精心布局功能设施区域，从而提升居住体验。完备的功能满足了儿童、老人等各种年龄阶段的需求。设计师也考虑将武汉的历史文化湖区景观、湿地景观及特色种植融入设计，使整个庭院更贴近自然，塑造一个具有强烈个性及感染力的品牌楼盘。

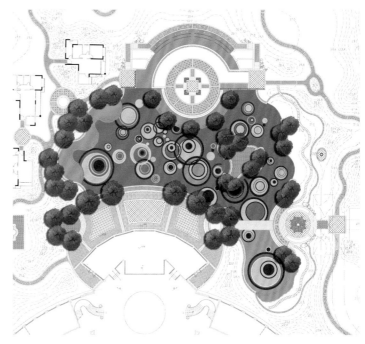

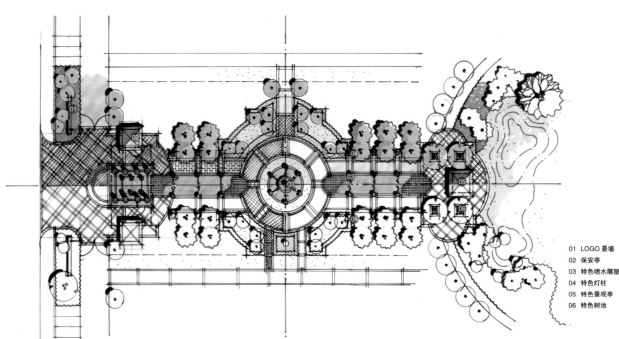

01 LOGO 景墙
02 保安亭
03 特色喷水雕塑
04 特色灯柱
05 特色景观亭
06 特色树池

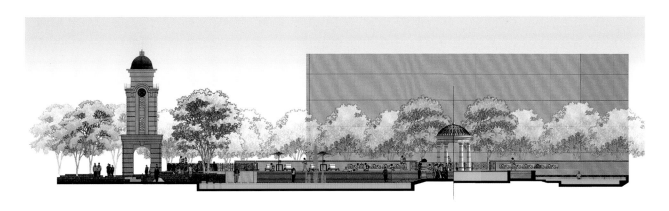

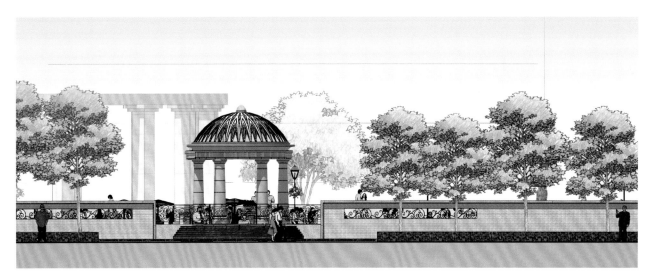

常州宝龙城市广场

设计公司：
澳大利亚·柏涛景观

项目地点：
常州

面积：
73 720 m²

设计说明：

　　该项目为集生态居住、休闲购物、酒店商务会议功能于一体的大型城市综合体，典雅而时尚，反映出后工业时代个性化的美学观点和文化品位。设计师将景观与建筑的风格相结合，并且融入了常州水乡城市的文化特色。最后，通过具有新古典主义风格的高品质景观设计，将该项目打造为常州市的新地标。

　　商业街

　　理念源自：意大利风情之梦回中古——锡耶纳

　　商业街的设计风格主要通过铺装的形式、装饰花钵和景观灯柱来展现。在照明方面，设计师根据商业气氛进行设计，用现代的手法和材料还原古典气质，以展现古典与现代的双重审美效果，让人们在购物的同时能得到精神上的慰藉。

　　居住社区

　　理念源自：意大利风情之迷幻光芒——波西塔诺

　　居住社区的设计风格主要通过构筑物、生态水景和绿化形式来展现。设计师极其注重设计的细节，用简约的手法、现代的材料和先进的加工技术描绘传统社区的大致轮廓；在色调上，建筑以金色、黄色、暗红色为主，配上少量的白色，使色彩看起来明亮、大方，使整个空间更开放、宽敞，丝毫不显局促。社区组团的景观主要集中在南、北的景观双轴上，结合中式的生态水景，延续了古典风格的特点，并在局部加以设计，使东方的内敛和西方的浪漫相融合。在建筑设计上，设计师采用从简单到复杂、从整体到局部的方法，精雕细琢，让人很强烈地感受到历史印迹与文化底蕴，同时摒弃了过于复杂的肌理和装饰，使线条更加简洁、明了。

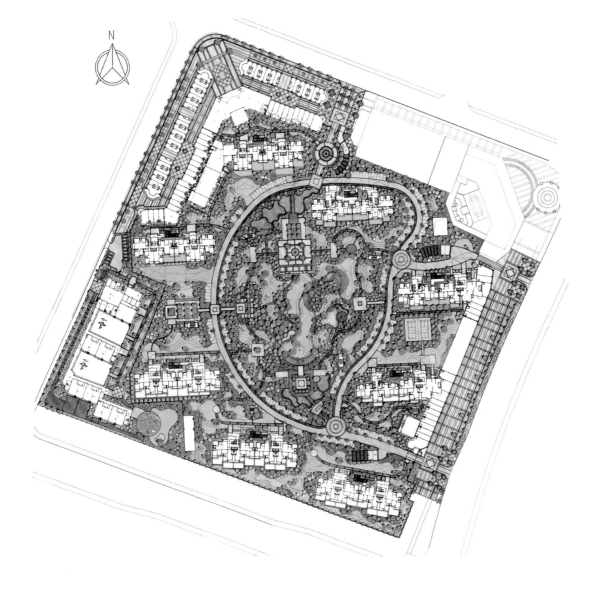

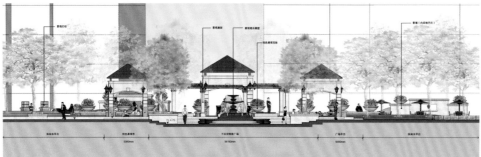

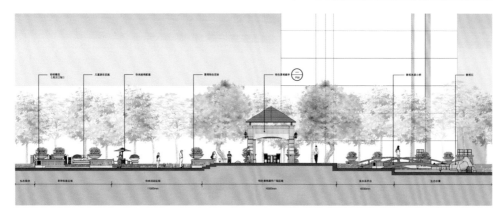

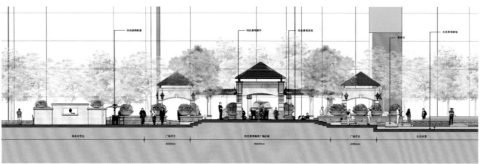

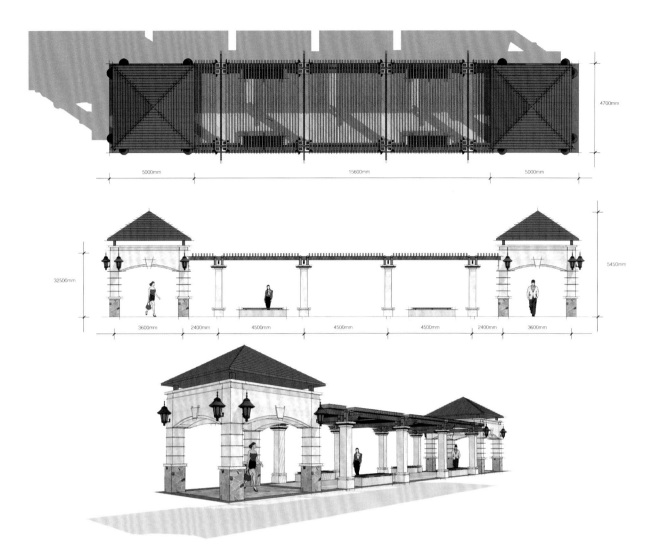

金昌香湖岛

设计公司：
杭州安道建筑规划设计咨询有限公司
开发单位：
浙江金昌房地产集团有限公司
设计师：
朱伟、童俊
项目地点：
绍兴
面积：
123 021.5 m²

设计说明：

　　本案地块三面环水，形成抱水之势，犹如一艘巨大的豪华游轮。生态水语地块，面向叠叠的花园美墅，放眼即可尽览周边的湖景全貌，拥有优越的度假条件。设计以游轮为基底，以新古典主义为精神，以景观为骨架，形成七大景观主题区域（入口会所区、活动游泳区、儿童游乐区、中心花园区、互动乐园、滨河景观大道），使得建筑与外部空间相互渗透。景观穿插于各种空间变化之中，小区空间序列的起、承、转、合都经过了精心的设计，努力营造空间的艺术氛围和意境。

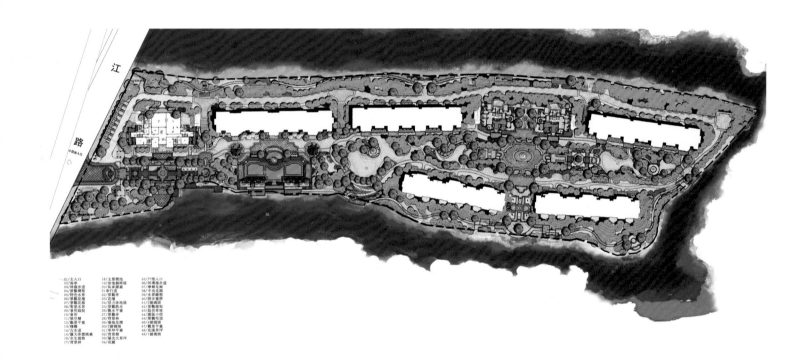

上海东航云锦东方

设计公司：
EADG 泛亚国际
项目地点：
上海
面积：
33 624 m²

设计说明：

　　东航云锦东方位于上海市徐汇区龙华路，毗邻黄浦江，为罕见的城区地块。优雅的法式建筑拥有层次丰富、色彩柔和的立面。景观设计遵循古典的比例与原则，柱头拱券彰显了尊贵的品质；细部精雕细琢，脚线简洁大气，现代的用材沉稳大气。对称、阵列的入口空间彰显了楼盘的庄重，通过形式、肌理的变化体现空间美感、节奏，通过精致的细节体现整体的优雅、奢华。宅间庭院和谐、浪漫，极富趣味，水系蜿蜒曲折、时动时静、时隐时现，整体空间与自然相融，洋溢着法式尊贵的氛围。

二期总平面图

一期下沉广场效果图

期中心轴线水景效果图

一期下沉式广场水景实景

一期中心轴线水景鸟瞰实景

一期中心轴水景

一期下沉广场水景实景

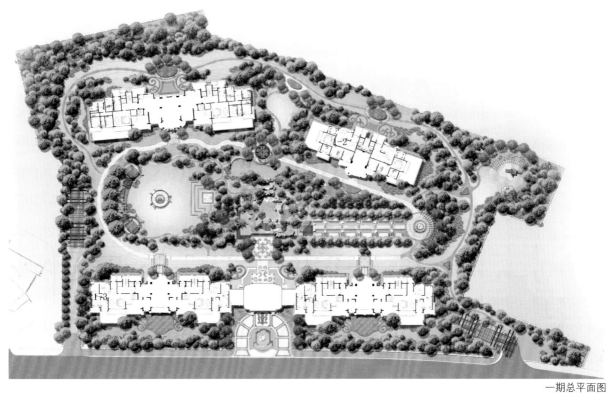

一期总平面图

二期中心花园效果图

二期中心广场透视图

经典凯悦养老社区

设计公司：

SWA Group

项目地点：

美国加利福尼亚

面积：

76 890 m²

设计说明：

　　经典凯悦社区是一个持续护理社区，附近有斯坦福大学及众多文化、医疗及社区资源。本项目设计为这里的居民（包括独立生活人员、陪助人员及专业护理人员等）提供了多种医疗保健方案。总平面图由两个核心区域演变而来，区域内的活动设施满足了老年居民的需求。此外，保护及维持现在的园景树、历史结构、建筑资源及河廊也同样重要。

　　社区环境中有多种设施，老年人仅需步行即可到达。沿 Sand Hill Road（沙山路）和 San Francisquito Creek（旧金山溪）修建的多功能休闲小道将邻近的设施与本项目区域连接到一起。这些小道再进一步延伸到其他公园、服务区域及休闲场所。景观环境由靠近南侧 Sand Hill Road（沙山路）的高大的橡树林及其他园景树、San Francisquito Creek（旧金山溪）的天然河廊，以及开放的休闲草坪组成。本项目所在地曾经是利兰斯坦福农场的一部分，而在更早之前，这里是印第安部落的定居点。

　　景观设计师与建筑设计师共同制定了首期总平面图。为保护文物、古树及其他当地植物，建筑沿 Sand Hill Road（沙山路）和河廊绕道建设。同时，整个项目的构筑物及道路的铺装都避开了现有树木。最终，建筑布局不但没有破坏树木，还创建了一系列独特、互相交叉的花园空间。现在，这些花园与房屋联系到一起，创建了散步、休憩、放松、社交及观景等诸多空间。

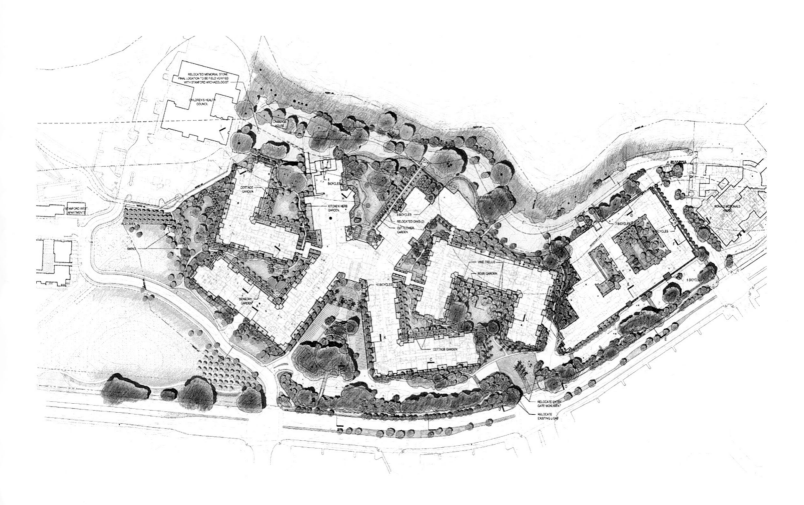

融侨·观山府
MAJESTIC MANSION

融侨·观山府

设计公司：

De & Associate（地尔景观）

设计师：

李健、周剑鑫、陈英、於朦脱

项目地点：

福州

面积：

256 823 m²

设计说明：

醇美建筑、醇正景观——成功的规划设计，使融侨·观山府项目成为具有国际水准的高尚别墅社区，建筑定位高端，景观环绕着建筑而延伸，景观与建筑相辅相成。

设计师在本项目的设计中借鉴了过去成功项目的经验，对场地创造性地加以利用，使人们身在其中可住、可行、可游、可居家办公，休闲的度假情调与纯正的欧式人文风情成为基本的设计风格。

设计布局：一轴、三区、多院落

一轴：一条轴线大道连接所有组团道路及地下车库出入口，并设置人行道，是集观赏、交流为一体的绿色景观通道，同时满足车行、人行的需求。

三区：会所中央景观以会所前集中绿地为重点，向四周宅间绿地及河岸绿地渗透，景观疏密有致。会所区域的明快色彩、绿色开放空间的宜人景色、便利的道路系统充分体现了符合国际标准的设计水平。

多院落：每户住宅均为有天、有地、有院落，不同院落之间通过建筑、植物的错落形成不同的空间，并通过组团景观道路与景观轴相连。

信达理想城

设计公司：
北京易德地景景观设计公司

设计师：
鲁旸

项目地点：
沈阳

面积：
23 000 m²

设计说明：

信达理想城项目位于辽宁省沈阳市，景观占地面积为 23 000 m²，是一个以居住、休闲为核心的高端地产项目。

信达理想城的景观设计首先是把"简洁的欧式风格"作为主导思想，打造出托斯卡纳式的景观。其质朴的建筑外观透露出生活的真谛。

设计师一直注重于细节的设计，较多使用赤桃花器、石雕花器、兽头水口等。铁艺加软垫的椅子与马赛克拼花的咖啡桌相组合，极富韵味。用砖石砌筑后刷涂料的沙发椅也很有特点，尽显欧洲风情。

硬质铺装的天然质感与花草植物形成一硬一软的对比，丰富了景观效果。室外的植物与室内环境相互融合、相互渗透，粗犷中不乏安逸和恬静，让业主领略乡村度假般的舒适生活。

植物以自然式种植为主，周边为密林式种植，挡墙上种植了爬藤植物，所运用的植物包括桧柏、宿根花卉及一些观赏草。

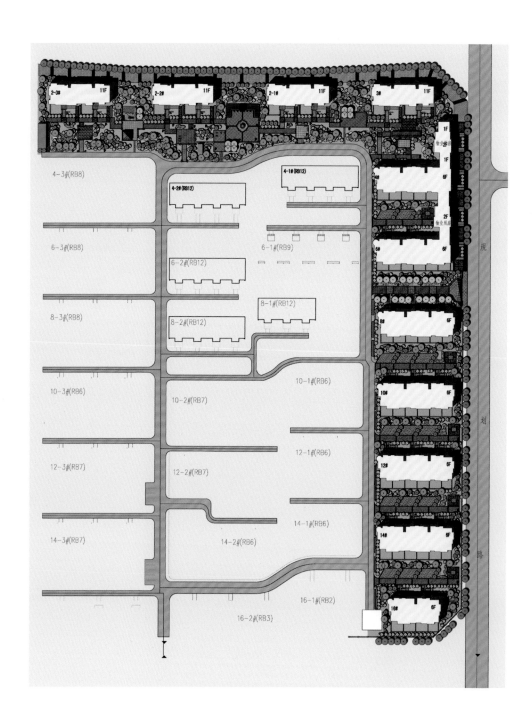

河海龙湾

设计公司：

北京易德地景景观设计公司

设计师：

鲁旸

项目地点：

营口

面积：

80 000 m²

设计说明：

　　项目以温泉为主要核心元素，采用具有中式庭院思想的设计理念，结合欧式风格的景观表现手法，营造出一种集互动性、文化性、趣味性于一体的全新度假休闲生活方式。

　　通过景观设计，使人感悟生命起源。设计以时空变幻为景观设计主轴线，使人们追溯历史、回归本源，感慨时光飞逝，体会生命的真谛。

卓辉泉州金色外滩滨江高档社区

卓辉泉州金色外滩滨江高档社区

设计公司：
普梵思洛（亚洲）景观规划设计事务所
开发商：
卓辉地产集团
项目地点：
泉州
面积：
80 000 m²

设计说明：

　　项目总占地面积为80 000 m²，位于泉州市西北，晋江西岸，拥有美丽的江边景色，户型包括高层、中高层、多层，满足不同人群的需求。地下商业街与市政生态公园连接，构成三维立体商业空间，提高了景观观赏性和实用性。建筑为简约欧式风格。景观设计理念为打造具有五星品质的居住环境，设计崇尚自然生态，力求突显尊贵大气，营造异域风情。50m绿化带作为楼盘形象展示区，景观风格定位为泛东南亚风情（巴厘岛风情），力求打造五星酒店式的奢华品质。设计将巴厘岛风情与现代简约理念相结合，使整个展示区既有异域风情，又具简约时尚特征。项目是天然环境与巴厘岛风情社区的融合，是自然元素和豪华构筑物的互补。设计师运用巴厘岛度假天堂式的热带风情及质朴与闲适，营造出惬意、高雅的度假氛围，打造出城市中的梦幻伊甸园。展示区充分配合当地的自然环境，与天然晋江背景完美结合。园区内继续延续展示区的风情理念，以简约、生态、自然为主题，营造生态花园式的生活环境。空间设计讲究曲径通幽，利用丰富的地形、硬景、植被营造多变的空间；空间设计讲究自然、生态、茂林丛生、花鸟争鸣，使社区沉浸在绿意盎然的环境中；空间设计讲究精致、奢华、神秘而精巧，艺术化小品布置在园区每个角落，使社区更具异域文化色彩。

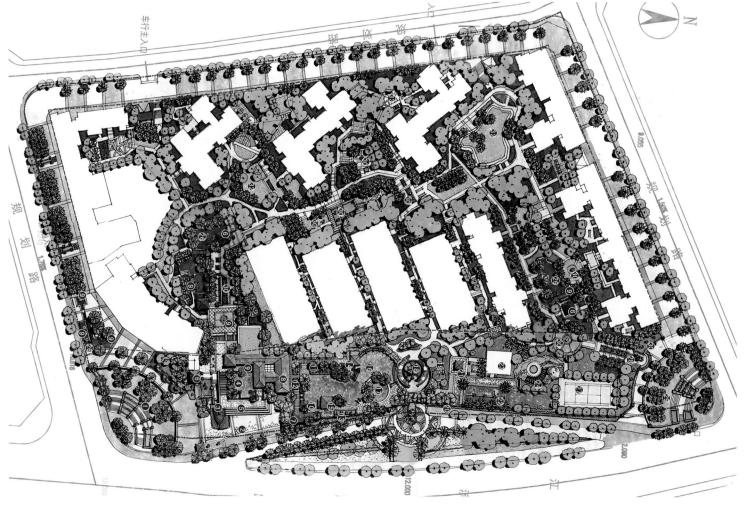

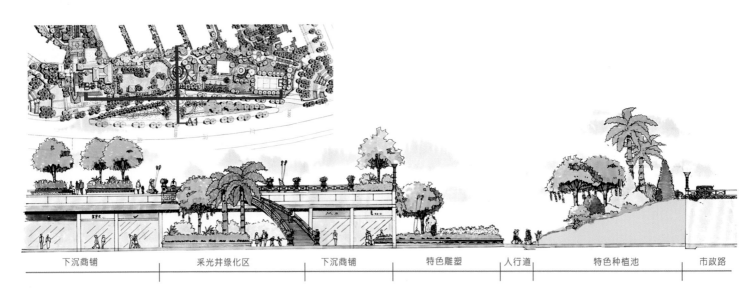

下沉商铺　　　　采光井绿化区　　　　下沉商铺　　　　特色雕塑　　人行道　　特色种植池　　市政路

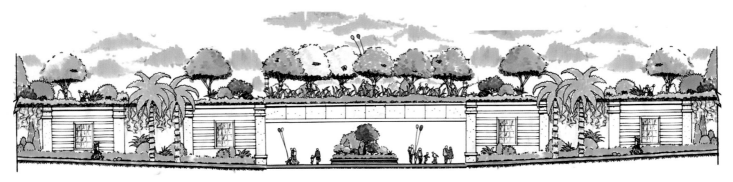

南宁印尼园

设计公司：
澳大利亚·柏涛景观
开发商：
广西长城房地产开发有限公司
项目地点：
南宁
面积：
30 000 m²

设计说明：

这里有最原汁原味的印度尼西亚风情的园林；这里的景观布局合理而严谨；这里是一块绿色、舒适的人间美地；这里的总体设计概念源于度假村酒店的设计形式。这些只是南宁印尼园印度尼西亚风情花园城呈现出来的一些最原始的印象。

印度尼西亚风情的园林，传递的是来自印度尼西亚最真实的美景与韵味。园林设计以人为本，好的园林应该能拥有不同的空间和区域，为不同年纪的使用者提供所需的功能。茂密的植物以最自然的方式布置于园林中，色彩缤纷的花点缀其中。充满粗犷肌理的特色景墙，造型讲究的凉亭，充满热带民俗风情的木廊架、景桥、雕塑、木平台及入口大门特色门廊、园林矮灯座等园林构筑物，都体现出浓厚的印度尼西亚热带风情。

中心景观区位于园区的核心位置，也是人流量最大的位置。这里是洋溢着热闹和动感的现代商业街，社区入口的显眼处放置了社区的标志。园林中的植物被修剪成阶梯状，这样的设计灵感正是源于印度尼西亚乡间的梯田形式，类似这样的细节设计在这里随处可见。特色水景位于园区的中心地带，流动的水系给园区带来了生命的活力，从中心向园林的四周延伸，直到商业街上的两处特色水景设施。

然而，本项目为南宁市带来的不仅仅是一个印度尼西亚风情的住宅示范区，更重要的是它为南宁当地的人们提供了一处和谐的高尚住宅环境社区，一块人心向往的安乐窝。同时，这个项目是阐述"住宅环境功能与美景的平衡"的最完美的案例。

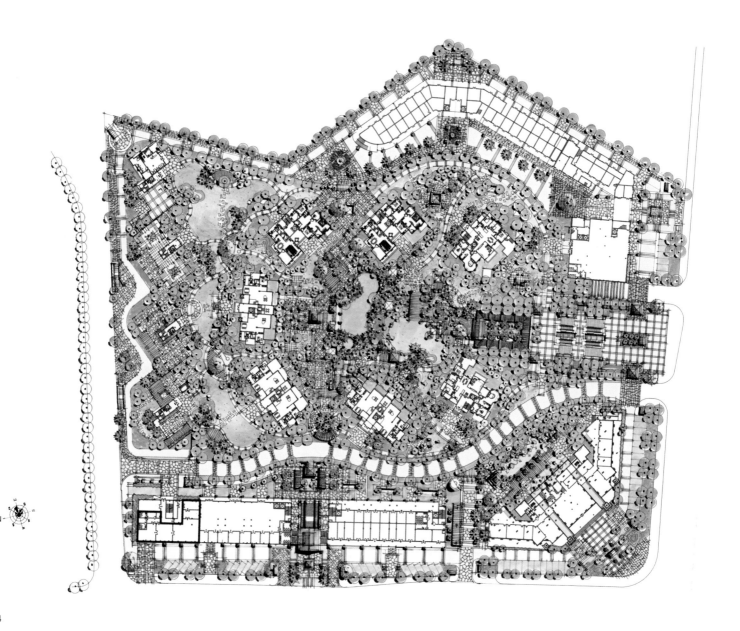

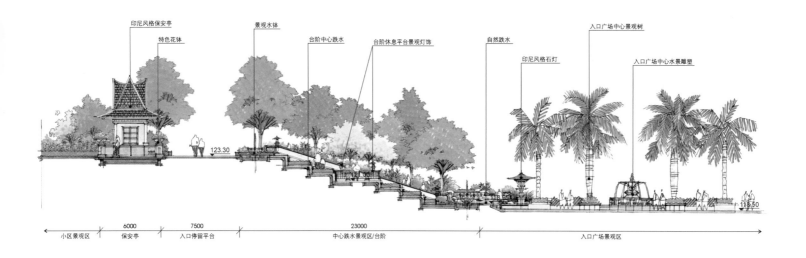

印尼风格保安亭　特色花钵　　景观水体　　台阶中心跌水　台阶休息平台景观灯饰　　自然跌水　　入口广场中心景观树　入口广场中心水景雕塑　印尼风格石灯

123.30

| 小区景观区 | 保安亭 | 入口停留平台 | 中心跌水景观区/台阶 | 入口广场景观区 |

6000　　7500　　　　　23000

自然叠石及植物种植　跌水　保安亭　特色灯柱　景观水体　特色石灯　棕榈树

124.00
122.80　121.80
120.80
119.40
WL118.40　　118.50　　121.00　　123.30

| 小区车道 | 广场 | 扶手电梯 | 台阶 | 中心景观 | 台阶 | 扶手电梯 | 广场 | 地下车库入口 |

6000　　12000　　2000　3000　1000　3000　2000　1000　7000

万科龙岗山小区

设计公司：

SWA Group

项目地点：

深圳

面积：

20 hm²

设计说明：

　　该项目位于深圳东北部，占地 20 hm²。该项目包括联排别墅、公寓及零售商业区。SWA 在总体规划中提出拟建一条中央绿色通道及湖泊系统。该规划的两个目标是体现中央绿地空间的连续性，以及保持其与相邻自然保护区的良好衔接感。景观设计与固有的西班牙建筑风格相呼应，为开发区营造出鲜明的存在感。

　　该项目景观设计旨在为社区的全体居民带来极富美感、设计精妙的公共绿地空间和水体设计。不过实现此目标并非易事，因为并非所有住宅都能享有同样的景致。有的居民会生活在设计美观、洋溢着西班牙风格的别墅中，四周树木葱郁、凉亭参差，步道和自行车道蜿蜒环绕；但大部分居民都居住在高层公寓中，这些公寓与那些遍布深圳天际线的楼房一样平淡无奇。购买联排别墅与购买公寓式住宅的业主的收入比达 10∶1，很显然，这里有着明显的等级分化。尽管如此，从社区的整体角度来讲，连续的中央开放空间是对全体居民服务的。

　　SWA 所面临的挑战是为所有居民创造一条中央绿色通道。这条长廊上既要在视觉上与北边的自然保护区相协调，又要能方便居民通过长廊去往该保护区。虽然联排别墅社区中的某些住宅远离机动车通道，但整个中央绿色通道为所有社区居民提供了便利。

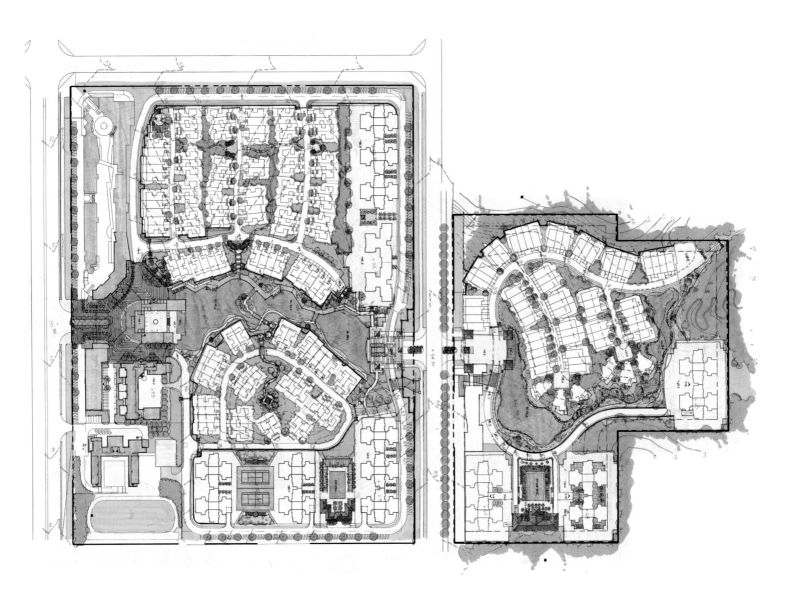

成都青城山房景观改造项目

设计公司:
北京朗棋意景景观设计有限公司
项目地点:
成都
面积:
20 000㎡

设计说明:

　　该项目坐落于都江堰青城山脚下。在大的人文地理环境的影响下,设计师注重项目与环境的关联性,设计和规划结合,对现状的原生乔灌木进行最大限度的保留。设计师希望项目是青城山脚下的一个小村庄,与青城山完美结合在一起。该项目的产品以别墅为主、公寓为辅,这是新中式风格与东南亚度假风格相结合的休闲类项目。景观设计结合建筑设计特色,形成台地多层次的景观界面;景观元素密切结合建筑,形成建筑的延展体;建筑从植物从中生长起来,形成景观的一部分。景观配合建筑形成多种户型设计的具有不同主体和针对性的院落,如老人的花坊耕种院落、儿童游艺主题院落、情侣休闲院落、度假养生院落等满足不同人群的需要。 该项目的另一个重点是植物设计,设计师根据当地苗木种类,最大限度地保留原生树种,并使其成为园区绿化的骨干,结合建筑、院落、不同的功能空间、不同的主题功能,从颜色、形态、气味几个方面配置植物群落。该项目自然、质朴,院落内部精致、独特,充分融合了自然环境和人文环境。

金地锦城

设计公司:
杭州安道建筑规划设计咨询有限公司
开发单位:
金地集团
项目地点:
沈阳
面积:
14.3 hm²

设计说明:

项目定位为经典褐石为主要颜色,以洋房为特色的中端精品社区。项目体现了新型的居住模式,它面向城市开放、集聚人气、具有亲切和谐的邻里交流空间和极具情调的停留空间,追求艺术氛围和小资情调。设计师通过褐石艺术商街、褐石组团花园、绿轴空间、多层花园空间来创造一个多元、开放、复合、交流的景观社区。

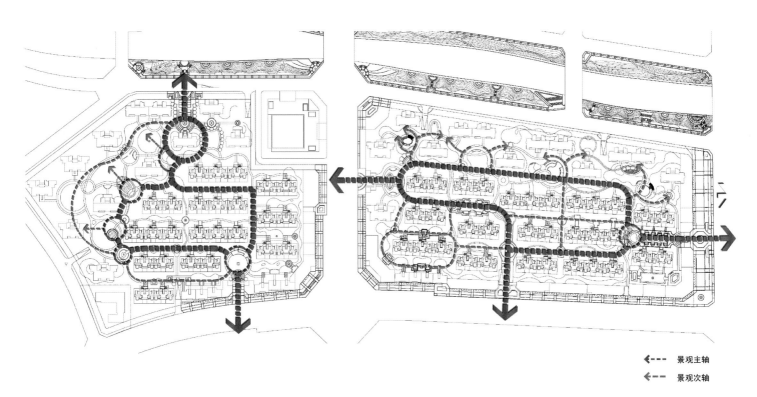

← - - - 景观主轴
← - - - 景观次轴

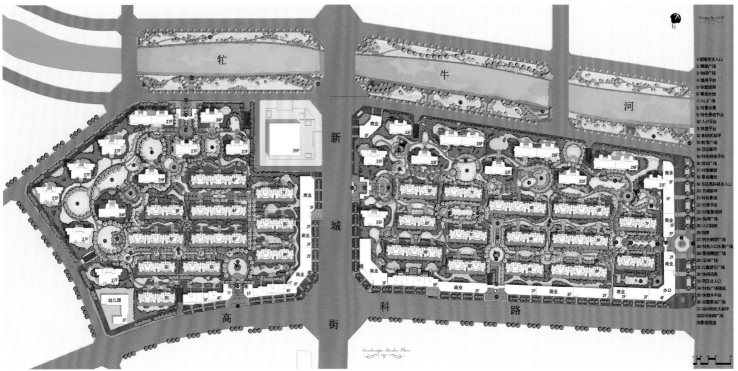

设计公司简介（排名不分前后）

SWA

五十多年来，SWA 已被公认为世界景观建筑、规划和城市设计领域的领导者。我们的项目遍布全世界 60 多个国家，获得 600 多个奖项。我们拥有众多举世公认的最具创新精神、经验最为丰富的设计师和规划师。1959 年成立时仅为一家 Sasaki, Walker Associates 西海岸设计室，而 1975 年时，公司已成长为 SWA 集团。

尽管 SWA 为业内最具规模之一的公司，我们仍将人员组织成以小型设计室为主导的设计公司，以增强创新能力并响应客户需求。从以往经验看，我们的项目有 75% 源自老客户。SWA 有诸多良机与世界最为知名的公共和私营业主、世界最具才华的建筑师、工程师和相关专业人员合作。

我们的项目的原动力来自对自然和自然系统的深刻理解。我们也从人造系统的复杂性和受其影响的人群互动中汲取灵感。我们的项目以具有远见的审美和卓有成效的实用功能著称于世，不仅对社会设计有深刻认识，而且强调环境可持续性。SWA 核心精神是一种设计热情，本着这种热情我们不断寻求富有想象力并能够在实际中解决问题的设计方案，从而提升地块、建筑物、城市、地区和人们生活的价值与品质。

作为景观建筑设计领域公认的领导者，SWA 寻求为业主的项目提供富有创意的再生型解决方案。我们提供整套景观建筑设计服务，从场地规划直至施工监督。我们经常在项目施工竣工后协助业主，继续向其提供景观设计咨询。SWA 设计师们既拥有设计功能复杂的大型项目的丰富专业知识，又能在小型项目中设计出极富创意的绿色屋顶、城市公园、广场和花园。SWA 景观建筑以卓越的创意设计而在全球享有盛誉。

SWA 为大型项目提供综合土地规划和总体规划。作为对地块、自然系统和城市设计有着深厚美学和技术理解的规划师，我们的规划设计对场地、地形、自然资源、景观、基础设施和建筑物做了巧妙运用。我们也将同样的才能应用于地块保护和修复项目。SWA 获奖规划项目因打造独特场景而举世闻名，在世界范围内为创造生机勃勃的宜居未来产生实质性影响。

艾斯弧（杭州）建筑规划设计咨询有限公司

XWHO 成立于 20 世纪 60 年代，是全球著名的专业从事城市规划、景观设计、建筑工程设计及土地发展相关咨询服务的规划设计机构。XWHO 融合了国际化的视野及本土化的文化体验，一直致力于推动全球化可持续性发展的规划和研究工作。

2001 年，XWHO 进入中国。十年来，XWHO 在中国数百个城市参与完成了几千个项目，其中包括中国境内最具社会影响力的一些重点工程，从杭州西湖申报世界文化遗产综合整治规划，到北京 2008 奥林匹克森林公园中心区景观规划，再到上海世博会多个展览馆的建筑设计等。凭借 XWHO 跨专业多元文化背景的强大设计团队，XWHO 设计的诸多项目获得各种国际奖项，备受业内外赞誉和瞩目。

XWHO 是中国境内首批获得城市规划资格的两家境外国际设计机构之一，同时拥有由中国旅游局颁发的旅游规划资质。

上海飞扬环境艺术设计有限公司

飞扬国际成立于 1999 年，注册于美国和中国上海，是一家专业从事景观规划与设计的国际化设计企业。

飞扬国际具有风景园林乙级资质，在全国范围内开展项目，并在成都、南京、武汉、合肥等地设有分公司或办事处，目前总计员工约 80 人。

飞扬国际倡导"创新环境解决方案"的设计理念和现代多元的表现风格。十四年的发展历程和几百个项目的知识积累，使之成为国内最富经验的设计公司之一。公司主要业务涵盖居住、商业、教育、办公、医疗、市政与公园、风景旅游规划、城市设计、养老地产、旅游地产等。

北京朗棋意景景观设计有限公司

北京朗棋意景景观设计有限公司于 2007 年在北京成立，是一家多专业设计领域的公司，我们尤其擅长于规划设计和景观设计，以及可持续发展的环境设计。我们是一个具有国际化和专业化的团队。在设计的旅程中，我们倾听客户所需，我们了解客户所想，我们体会客户所期望并在设计实践过程中及时、专业地解决有可能出现的问题。

朗棋意景为自己骄傲，因为我们在不断充实和完善，通过与我们合作的每个团队伙伴，通过我们所做的不同领域，不同产品类型，多专业设计的项目，在设计领域里不断进取探索，与您共同努力和发展。

香港美林国际景观设计有限公司

成都美瑞林景观设计师事务所

香港美林国际景观设计有限公司是一家致力于为客户提供高效、全程化的景观规划及设计服务的专业公司。一直以来，通过坚持不懈的努力创新，引进和吸收先进设计理念、科学的管理模式，以及对自身的严格要求，使得公司的发展日新月异，目前已跻身于设计行业的前沿。

香港美林国际运用先进的设计理念和思想，结合中国本土文化，公司在中国市场的业务范围迅速扩展。同时，为加强与中国市场的联系，公司于 2004 年在深圳成立景观设计分支机构——深圳市美林苑景观设计师事务所，2008 年 6 月在成都成立了第二家全资子公司——成都美瑞林景观设计师事务所。2011 年 10 月在西安成立办事处，2012 年 2 月在西安成立分公司。2013 年以四川省美澜风景园林工程设计有限公司成功申办风景园林专项设计乙级资质。目前在中国拥有庞大而稳定的客户群，成功完成了百余项景观规划及设计作品。

我们尊重自然环境、经济环境等客观条件，从实际出发，以建立在理性基础上的设计观念，为客户提供高雅、别致又独具特色的设计作品。我们深知人才对于发展进步的重要性，拥有一批资深的境外设计师和极富创新意识的海外归国设计师，这是我们成功的关键所在。公司尊重并为员工提供自我展示的舞台，积极鼓励每一位员工实现自己的目标和人生价值。

翰时国际建筑设计咨询有限公司

翰时（A&S）国际建筑设计咨询有限公司是由国内外建筑师共同创立的建筑设计专业公司。公司创立于美国亚特兰大，2002 年在中国北京正式注册。公司的目标是把国际上先进的建筑设计与规划理念和技术介绍到中国，并按照国际标准，为业主提供高质量的设计服务，为新世纪中国城市与建筑的发展做出贡献。翰时（A&S）国际可在建筑设计、城市设计、室内设计、景观设计等各领域，为业主提供全方位的咨询服务。

翰时（A&S）国际的设计人员有着近二十年的世界各地与中国的现代化建筑设计经历，对城市社区规划及各类型的建筑／工程设计，如公共建筑、居住建筑、医疗／实验室建筑等，有着丰富的经验与广泛的专业知识，并注重结合中国国情将绿色生态、环保措施等高新技术及全新的观念，融入到设计当中。自公司创立以来，由翰时 (A&S) 国际参与的城市社区规划设计及各类型的建筑／工程设计项目遍及全国各地。

自 2003 年起，翰时 (A&S) 国际凭借着先进的设计方法及过硬的专业技术，应邀参加了国内多个项目的国际竞赛活动并中标。在 2004—2005 年度民用建筑设计企业市场排名总榜中，我司排名第 55 位，并荣获 2004 年度 CIHAF 中国建筑二十大品牌影响力设计公司、CIHAF2005 中国房地产二十大品牌影响力规划建筑景观设计院、中国商务建筑设计机构 10 强、中国地标建筑卓越设计机构 20 强等多个奖项，其设计作品也屡次获奖。中国的建筑建设正处于向现代化高速发展的阶段，国际水准的专业现代化建筑规划与设计对建筑事业成功地走向现代化发展具有极其重要的意义。我们致力于将建筑的功能及其人文文化内涵融合为有机整体，创造出与众不同、符合国际潮流与标准的现代化建筑。

普梵思洛（亚洲）景观规划设计事务所

普梵思洛由美国景观设计师协会资深会员联合中国景观资深人士创立，是国内最具发展潜力、创新意识和国际视野的专业景观品牌设计平台机构。公司提倡"用心服务，为顾客提供全方位支持性服务"的服务宗旨，以打造国内最好景观口碑机构为己任，主要致力于城市公共空间、住宅社区、商业开发等领域专业景观设计。

2008 年在中国深圳设立普梵思洛（中国）机构。设计团队有来自美国等国内外一流资深景观设计专家。总监团队曾服务万科、保利、世茂、华润、正荣、荣和、恒大、融科、融汇、招商、中海、华侨城、蓝光、金科、隆鑫、名流、正元、大唐、阳光城等全国知名地产集团，作品遍及国内外 50 多个城市地区。总监团队主要作品有：世茂厦门湖滨首府、正荣南京润江城、正荣福州润城、正荣莆田御品兰湾、正荣莆田御品世家、正荣南平财富中心、正荣南昌大湖之都、正荣世欧福州上江城、正荣世欧福州澜山、万科广州北部万科城、中信深圳龙岗龙盛广场、中信惠州水岸城一期、融汇福州桂湖温泉度假小镇、融科重庆融科城 2 号地商业综合体、保利广西南宁保利城、保利广西柳州大江郡、华润重庆二十四城、隆鑫重庆江上高档别墅区、隆鑫三亚诺亚方舟滨海别墅区、隆鑫三亚龙栖湾新半岛综合体、名流东莞名流印象、阳光城西安阳光上林城、荣和南宁山水绿城、荣和南宁 MOCO 社区、荣和南宁艳澜山、正元厦门新都汇希尔顿酒店综合体等。

公司坚持打造精品的品牌设计目标，凭借丰富国内外融之成熟景观设计规范、流程、理念，糅合各类风格化景观设计理念，打造出众多口碑较好的景观作品，获得客户的一致好评。

SED 新西林景观国际

作为中国最重要的城市环境建设创新推动力 –SED，致力于为快速发展的城市环境提供高品质设计服务。创新的设计理念、国际化设计团队及严谨的景观技术标准，合力塑造出无数创新环境及品质生活典范。SED 始终注重项目设计的完整生命周期，不断刷新各类实际建成项目的效果及标准。注重细节设计与成本控制的平衡，凸显项目环境的附加值，为业主带来不断的惊喜。项目发展愿景与环境的可持续发展得以高度的重合，丰富的设计经验使我们更擅长面对各种项目挑战，并不断提出创新的综合解决方案。绿色可持续性的环境策略被主动运用于多元化的特色风格设计中，我们深信，优美愉悦的城市环境，独特创新的旅游度假胜地，丰富多彩的商业景观，高品质的标杆式居住区环境，将成为我们永恒的目标与骄傲。

服务范围：
城市环境及总体规划、酒店及旅游度假、商业景观设计、居住区景观设计

EADG 泛亚国际

1981 年以英资背景由建筑大师 Jon Prescott 在香港成立，经过岁月的洗礼，EADG 泛亚国际见证了香港由殖民统治到回归祖国的过程，已被业内认为是亚洲最具代表性的专业景观设计事务所之一，并在中国及亚太地区景观设计崛起的过程中扮演着举足轻重的角色。中国及亚太处于发展中的国家经历着瞬息万变的城市发展过程，景观设计师已经成为开拓城镇体系、自然生态及公共社区的重要中枢力量。泛亚在这些区域的景观设计崛起过程中充当了至关重要的角色，自身也在不断壮大。经历长期实践，目前泛亚已拥有十余家分公司，超过 500 名员工。在成长过程中，不仅对提高全球专业景观设计竭尽所能，其自身的亚洲定位也在不断提高。凭借丰富的国际设计比赛经验，结合对当地文化的了解及敏锐的洞察力，泛亚国际致力于全方位地满足和回应客户的个中需求。

在三十余年的从业历程中，泛亚国际一直在充满探索的旅程中前进，驾驭不同尺度的总体规划、城市设计与景观设计，从奢华私密的高档别墅住宅、商业空间，到城市公园、社区乃至整个城市，我们的工作始终贯彻着我们的美好愿景。每一个项目都是国际化视野与传统文脉结合的产物，在不断地沟通交流下，以专业扎实的技术和精细的态度合力完成的作品，散发着独特的魅力和生命力，蕴含着我们为建设充满活力的城市、社区和公共空间所付出的努力与智慧。

杭州安道建筑规划设计咨询有限公司

A&I（安道国际）创立于 2001 年，是当代中国最具竞争力和创造力的景观建筑设计公司之一。十多年来，我们的设计作品跨越了品类、尺度和区域的限制，不论是精致氛围的度假社区、酒店、公园广场、城市社区，抑或规模宏大的商业综合体、科技办公及产业园、城市片区规划，安道的设计都能够得到业主和客户的信任和赞赏，对此我们感到无比的珍惜和荣耀。

安道坚信，设计的创意在很大程度上受益于自由的心境和多元化的存在感，以及那份永不褪去的激情。为了保证工作的高度灵活性，我们以设计工作室作为公司的基本组织单元，并且专注于独立个性与团队精神的协同培养。我们的每一项工作皆紧密围绕项目和客户展开；每一份成果都经过了详细的实地考察和大量的分析讨论；每一个细部都经过了反复的推敲和深化。正是这份真挚的投入，使得安道能够在设计的美学品质和细节实现层面上远远领先于其他公司。

A&I（安道国际）作为美国景观设计协会、美国建筑师协会和美国绿色组织协会的会员，始终与国际相关行业组织和国内外同行及高等院校保持着密切的互动关系。每一年，公司的专家和高级设计师都会受邀参与多项国际性的学术交流活动。公司的研究中心作为独立于设计工作室之外的研究部门，长期致力于设计理论的积累和研究，正是出于理论探索与设计实践的相互浸润，使得安道一直走在设计之路的前沿位置。

安道的设计起源于对每一寸土地的尊重，并从中寻求艺术性、社会性、生态性的高度融合。安道设计的魅力在于，不断为每一位客户创造高品质的环境体验，为每一个作品注入新鲜的理念和创意，让设计服务能够超越客户的期望，实现商业价值与自然环境的和谐平衡。

杭州言艺景观设计有限公司

作为中国设计行业新崛起的一支力量，杭州言艺景观设计有限公司一直秉承创新、实用和经济的设计原则；尊重市场，遵从理性设计是公司立足于业界激烈竞争的根基；崇尚设计的原创性和技术的不断更新是公司长期的声誉所系。集结年轻、有活力的设计团队和成熟、有经验的技术资源，使言艺能够不断承接各种规模、各种类型的规划、建筑、景观设计。

公司目前的业务范围涉及城市规划设计、建筑设计、景观设计、项目咨询等多个领域，并在大中型公共建筑、居住区规划及高档住宅景观规划等方面步形成了自己的优势。公司拥有高级工程师、工程师、助理工程师、经济师、会计师等各类专业技术人员 30 余人。公司下属规划设计部、建筑计部、景观设计部、项目部等部门。公司业绩已遍布中国各重要地区，已承接了杭州、绍兴、温州、嘉兴、湖州、衢州、丽水、金华、舟山、上海、南京、镇江、无锡、常州、如皋、南通、高淳、溧水、徐州、宿迁、昆山、连云港、淮安、福州、厦门、昆明、芜湖、黄山、驻马店、九江、上饶、大连、长春、辽阳、重庆等地的多项设计任务，并获得了各种好评。

我公司始终坚持"品质、服务、追求"的经营理念，凭着诚信的工作作风，真诚期待与各界朋友开展广泛的合作，共同建设生态环境，让我们的家园更美好。

ECOLAND 易兰

ECOLAND 易兰是一家国际化综合性工程设计咨询机构，具有中国城乡规划甲级资质、建筑工程甲级资质和风景园林甲级资质。主要从事城市规划、建筑设计、旅游规划及景观设计等专业服务，擅长城市中心区规划、大型旅游度假区及高端住宅区等类型项目的设计工作。

易兰北京公司拥有数百位来自北美、欧洲、东南亚及中国本土的设计师，在北京、洛杉矶、亚特兰大、浙江、海南等城市和地区都设有分支机构或长期合作伙伴。作为一支国际化的设计团队，易兰凭借开阔的国际视野、高水平的技术能力，以及多国项目的操作经验，使设计作品充满了活力与创意。易兰多年来的服务受到众多客户好评，也得到国内外专业人士的认可和赞誉。

深圳市东大景观设计有限公司

总部位于深圳,在上海、东营、香港设有分公司,员工近百人,是具有跨学科背景、强大综合实力的大型专业景观设计公司。以城市环境整合设计为优势,拥有十二年、四百多个大中型项目经验,强调创意与可操作性、设计与施工配合并重,赢得合作客户的长期信赖与支持。具有跨学科背景、强大综合实力的大型专业景观设计公司,以城市环境整合设计为优势,拥有十二年、四百多个大中型景观项目经验,注册资金 1200 万元,专业设计人员近百人。强调"方案的创意与可操作性并重、设计与后期服务并重"。

项目类型包括景观规划、旅游度假、广场公园、街区改造、市政道路、滨水景观、城市地标、居住社区、商业广场、建筑环境、温泉 spa、校园景观、湿地景观等。

笛东联合规划设计顾问有限公司

国际视野

DDON·笛东联合作为国际化的专业规划与景观设计机构,具有丰富的国际项目设计经验,提供项目策划、城市规划、城市设计、景观设计、生态工程与恢复等专业服务。公司总部位于北京,拥有百余名来自美、加、英、澳、丹麦,以及中国港、台和大陆著名院校的设计人员,并与各地分支团队形成全球性的设计咨询服务网络。

专业素养

DDON·笛东联合作为研究型创新型的规划及景观设计机构,以创意景观为核心特色,拥有甲级城市规划资质及景观设计专项资质,胜任来自各个领域、各种类型的规划与景观设计项目,尤其擅长土地利用与新城发展、综合性地产开发与社区、商业与办公空间、酒店与旅游度假、公园及城市公共开放空间、文化及科技产业园区、生态系统与可持续发展研究等领域的规划及景观设计工作。

跨界整合

DDON·笛东联合拥有规划、景观、建筑、生态、旅游、经济、工程等方面的资深专家团队,倡导跨领域的整合设计,强调多种专业的交叉、串联与融合,擅长从多种专业角度来观察、创造人性化的环境,促进社会、经济、人文、生态的和谐发展。

全程服务

DDON·笛东联合的规划及景观设计基于人本主义和环境共生理念,一贯以"不糊弄"的精神从人类行为和体验需求出发,结合严谨周密的环境功能分析,细腻精到的情境文脉研究,追求功能性、合理性、适宜性、创造性与艺术性的完美结合;而且极其重视从创意、设计、构筑到体验等完整过程的现场落实,强化相关的设计及现场监理服务,以确保每个项目的实施效果。

山水比德园林集团

山水比德园林集团,一家由创意所驱动的集团公司,国家城市园林绿化一级企业,同时具有国家风景园林工程设计专项乙级资质,是美国景观设计师协会(ASLA)企业会员和中国风景园林学会会员、广州市工程勘察设计行业协会会员,以土地分析、综合规划及艺术升华为途径,筑梦"美丽中国"。

山水比德,以"让人类诗意栖居"为使命,以"景观设计—景观工程—动画中心—设计学院"为主要内容的"3+1"全景观系统解决方案,服务于城市规划与公共空间设计、综合性土地开发项目居住环境及环境规划设计、酒店及旅游度假区规划设计等领域。

山水比德从广州出发,已先后于青岛、昆明、上海、深圳、苏州、南宁等地成立了分公司,又完成了动画、工程等子公司的创立。同时,山水比德还与国内外诸多专业设计机构、专家学者等建立了合作机制。

山水比德跨步前行,矢志成为"具有全球影响力的景观机构"!

广州科美都市景观规划有限公司

多专业、跨尺度的全程一体化设计机构。

1999-2014 年,公司创立到现在,经历 15 载,逐步发展成为面向多领域的设计机构,先后在广州、成都、武汉、海南、西安、香港设立分公司,拥有超过 200 名的设计精英。公司业务覆盖全国多个省份的城市,得到各地业主的认可与肯定。

De&Associate(地爾景观)

De&Associate(地爾景观)是一家以香港作为始创地,之后进入中国市场,并持续发展至今的景观设计公司。公司主创设计师及项目负责人均来自国内外专业的设计公司,拥有多年专业景观设计的丰富经验。随着中国房地产业的迅速发展,我们的业务已遍布全国各个地区。公司一直以务实的姿态处于行业的前端,并一贯保有踏实、求实、确实的工作作风,为项目提供客观有效的意见及服务,并竭诚为客户打造充满创意并经得起时间考验的作品。

香港三境四合国际设计集团有限公司

香港(SML)三境四合国际设计集团,创办于香港,其宗旨是:为环境创造灵魂,让人们找到真正的归属感,促进现代景观的和谐发展。SML 是一家提供高尚设计服务、高效率,具有独特规划、建筑和景观艺术处理手法的国际化设计公司。

三境四合景观国际专业从事大型景观规划设计和咨询,业务范围包括住宅社区和商业的园林规划设计,城市规划和设计,风景区与主题公园规划与设计,自然环境整治、环境提升、生态改造等。

三境四合景观国际是一家从事当代城市景观规划设计、景观建筑设计及景观家具设计研究与实践工作的新型事务所。作为在城市快速发展过程中成长起来的研究型设计事务所,SML 以不同场地范围内"空间尺度"的差异性和多元性作为观察的起点,这些包括:住宅庭院、居住区、城市广场、公园绿地、城市新区、城市绿色廊道、旅游度假区等。在不同的"空间尺度"中,它包含了对过去、现在、未来的思考,包含了对政治、经济、社会的理解,包含了对生态、文化、艺术的诠释,最终以设计本体作为基点,从空间、场所、材料及技术等方面进行新景观的探索,它既表达了对当下现实的尊重,又蕴含了对未来世界的展望。

我们追求自然,节能,环保,希望用生态的手法,营造场所精神。通过各种项目的实践,用绿色环保的景观来重塑生态,回归自然,用个性的景观空间启迪思想,找回人类的归属感,提倡场所精神。

广州普邦园林股份有限公司

一、公司发展沿革

广州普邦园林股份有限公司成立于 1995 年,是一家专门从事园林工程施工、园林景观设计、苗木种植生产及园林养护业务的大型民营股份制企业,主要为住宅园林、旅游度假区园林、商业地产园林和公共园林工程等项目提供园林综合服务,具有国家城市园林绿化企业一级资质及风景园林工程设计专项甲级资质。

经过多年的发展,公司拥有风景园林规划、设计、园林建筑、结构、设备、电子计算机、经济管理等专业技术人员及科研人员数百人,拥有苗木生产基地超过 5000 亩。设计力量强大,技术精湛,能承担从园林工程咨询、规划、设计、施工及养护等一系列综合服务,业务遍及全国各地,已经跻身于全国园林行业龙头企业行列之中。普邦园林已于 2012 年 3 月 16 日在深圳证券交易所成功挂牌上市,证券代码:002663。

二、公司管理

在企业管理方面,公司已获得 ISO9001 质量管理体系认证,对工程项目投标、施工组织管理、质量管理目标等方面建立了一套高效、科学的管理体系;在企业经营方面,公司获得各级政府和协会授予的多项荣誉及奖项,包括"连续十年广东省守合同重信用企业"及"优秀民营企业"等。

三、公司的经营理念和社会美誉度

公司始终秉承"创造人与自然和谐之美"的经营理念,坚持以追求卓越和绿色环保为经营导向,在住宅园林、公共园林、旅游度假区等项目取得了优异成绩,其中获得全国性奖项的主要有:"广州长隆酒店二期园林绿化工程"获中国风景园林学会优秀园林绿化工程大金奖及优秀设计奖;"东山凝彩"荣获第四届中国国际园林花卉博览会室外展园综合大奖及多个单项金奖;"武汉东湖天下住宅小区园林"等多个项目先后荣获中国风景园林学会"优秀园林绿化工程"金奖;"佛山中海金沙湾西区"和"天津格调春顶棚园"先后荣获中国土木工程学会詹天佑大奖优秀住宅小区金奖。由此,公司在行业内拥有了较高的市场知名度和社会美誉度,先后获得"中国泛珠区域园林景观(设计与施工)品牌企业"、"2010 年度全国城市园林绿化企业 50 强"(排名第七)、"广东省优秀园林企业"、"广东省二十强优秀园林企业"(排名第二)等称号。

上海伍鼎景观设计咨询有限公司

上海伍鼎景观设计咨询有限公司创立于 2009 年，2010 年加入国际景观规划协会（ILI）会员，总部位于中国上海市浦东新区陆家嘴。作为一家集景观设计、空间设计、城市设计、品牌运营于一体的年轻新锐设计企业，伍鼎致力于通过创造性工作，将平淡无奇的场地转变为独特、富有创意和互动性的体验空间。

伍鼎设计具有扎实的跨学科整合能力及丰富的项目跟踪经验，项目涵盖了不同规模及多种主题和功能，包括住宅社区和商业地产项目园林景观设计、度假酒店、城市公共空间及城市绿地设计、旅游风景区、主题公园景观设计、旧城改造或环境整治、灯光设计、空间设计咨询服务。

资深中外业界精英是伍鼎的核心管理成员，分别来自不同学科，包括规划、建筑、景观设计等领域。在现代开放、自由激情的企业文化和工作环境中，来自国内外的设计师经过严格筛选和职业培训，组建成一支新锐与理性并重的实战团队，为每一个项目提供完整全面的咨询和设计。

迄今为止，伍鼎已为中国 30 多座城市提供了凝聚智慧结晶和高水准的设计项目，服务过龙湖、天朗、正荣、融汇、信华、华夏幸福基业、申达、富隆成、天明、海马等众多知名地产品牌。

自成立伊始，伍鼎始终坚持关注中国当代环境下人与自然和城市的关系，树立了锐意进取、注重可持续发展的设计机构形象，在坚定不移地打造"中国本土景观设计品牌"的过程中，走出一条专业化、国际化的品牌发展之路。

北京易德地景景观设计有限公司

易德地景国际景观设计 Open Fields 地处中国北京清华大学以东学院路 768 创意园区 A 座，是一家专业从事景观设计的空间环境设计机构。768 创意园现有建筑始建于 20 世纪 50 年代，由前苏联设计师设计，是现有为数不多的老工业遗址之一。

公司项目遍及国内众多省市和地区，公司客户群体主要为知名地产开发企业和各级政府。我们同时也积极参与国际竞赛，立足于国际学术实践平台，联合国内、国际顶级景观设计师。我们的设计成果得到客户的广泛认可，并在业界享有一致好评。

随着经济的飞速发展，城市景观、乡村景观与商业地产景观在设计上的要求不断地提高，我们一直以此为目标，力争始终处于行业的前沿。我们认为优秀的设计必须是原创，以强烈的责任感和雄厚的技术实力成就设计的完美，以最独一无二的经典作品回报中国市场。

深圳赛瑞景观工程设计有限公司

赛瑞景观是加拿大（CSC）设计顾问公司在中国设立的专业景观工程设计机构。经过十多年的蓬勃发展，业已成为中国极具专业影响力的景观设计机构，也是最早获得建设部颁发设计资质的设计公司之一。

赛瑞景观在地产景观、城市公共空间、办公科技园区等领域创作了数百例高品质的设计作品，尤其是在地产景观领域，赛瑞极具实战经验，并创作了大量的经典案例，赢得广泛声誉。

赛瑞景观现有员工 130 多人，其中设计师 110 多人，是一支由来自加拿大、美国、澳洲、菲律宾等地的具有丰富实战经验的外籍设计师、海归资深设计师及国内设计师组成的专业团队。作为一支富有经验、充满激情、活力和创意的团队，赛瑞有足够的能力为客户提供从项目规划到景观设计再到现场指导的全程化服务。作为专业服务的提供者，我们致力于客户的利益，为客户创造价值，帮助客户成功。

奥雅设计集团

奥雅设计集团于 1999 年由李宝章先生在香港创立，前身为奥雅园境师事务所。经历了十多年的历史，奥雅从一家几十人的区域性设计事务所，发展成为一家近五百人的全国性设计集团，也是国内规模最大的，综合实力最强的景观规划设计公司之一。目前，奥雅设计集团拥有深圳、上海、北京、西安、青岛、成都和长沙七家公司，以及"洛嘉儿童主题乐园"子品牌。以"创造美好环境"为使命，奥雅致力于提供从用地分析、经济策划、土地规划到城市设计、景观设计、工程管理和生态技术咨询等全程化、一体化的专业服务。

澳大利亚·柏涛景观

澳大利亚·柏涛景观属于澳大利亚柏涛（墨尔本）建筑设计有限公司全球机构的成员，公司独立承担国内外各类环境景观设计项目。公司成立于 1999 年，是深圳最早成立的一批大型景观设计公司，并通过 ISO9001：2008 质量管理体系认证。曾获得金地集团"2013 年度优秀合作伙伴"、佳兆业集团"2012 年度优秀合作单位"、第二届国际景观规划设计大会"2012 年度优秀景观设计机构"，以及"建国 60 周年·景观园林设计十大最具影响力品牌机构"等诸多荣誉，并受邀担任时代楼盘杂志战略合作伙伴、国际新景观杂志成员单位及景观设计杂志理事单位。澳大利亚·柏涛景观是从事环境与景观艺术设计的专业机构，具有丰富的国内、国际工程设计经验。设计范围涵盖城市公共景观规划设计、居住区景观规划设计、城市综合体景观规划设计，以及旅游与度假区景观规划设计。自成立以来，已完成和参与了逾两百个项目工程设计，其中最具代表性的有"中国远洋·北京远洋天著""中信·珠海中信红树湾""万科·深圳第五园·景台""宝能·沈阳宝能环球金融中心""宝龙·青岛城阳宝龙城市广场""中国重汽·翡翠莱蒙湖""京基·湛江京基城""金地·西安金地湖城大境""东盟·南宁印尼园""恒大·北海恒大御景半岛""华来利·深圳圣莫丽斯""泛华·漳州原山主人""佳兆业·武汉金域天下""中联·福州中联天御""张家港滨江新城投资·张家港香山风景区""黄山置地·黄山国际中心"等项目，"黄山国际中心"荣获第八届金盘奖"年度最佳商业楼盘"，"珠海中信红树湾"荣获第七届金盘奖"年度最佳综合楼盘"，"济南翡翠郡"荣获亚洲人居环境协会"亚洲地域文化及人文景观创作奖"，"厦门海峡城"获得第二届中国国际建筑艺术双年展"最佳创作奖"等。

澳大利亚·柏涛景观有多位外籍规划师、景观设计师协同工作。百余位景观师、园艺师、高级建筑师精心从事项目的方案到施工图的设计工作，以高水平的设计与良好的服务得到了新老客户的信赖与尊重，我们将以独特的创意，先进的技术和丰富的设计经验为您提供一流的服务。

本书在编写过程中得到了朱臣高、宋献华、肖孝怀、陈毅、冯华、王彩芹、张东、胡羚、喻馨 胡荣平、王培林、段有恒、马焕芬、尤德清、胡鸿翔、徐瑞龙、张少平、郝振伟、孙善星、郭智雄、刘占省、赵杰、陈新礼、刘勤龙、鲍敏、王泽强、胡敦磷、吴源华、张永军、武颖、王金伟、司波、尹华、肖剑、沙海燕、张立全、陈玉凤、付君云、梁金周、王泽芳、刘立刚、康武、邵刚强、胡爱兰、朱成达等的帮助。在此表示感谢！

图书在版编目(CIP)数据

最新居住区景观设计 / 肖娟主编 . – 武汉 : 华中科技大学出版社, 2014.6
ISBN 978-7-5609-9939-5

Ⅰ. ①最… Ⅱ. ①肖… Ⅲ. ①居住区 – 景观设计 Ⅳ. ①TU984.12

中国版本图书馆CIP数据核字(2014)第041979号

最新居住区景观设计

肖娟　主编

出版发行：华中科技大学出版社（中国·武汉）

地　　址：武汉市武昌珞喻路1037号（邮编:430074）

出 版 人：阮海洪

责任编辑：刘锐桢　　　　　　　　　　　　　　　　责任监印：秦　英

责任校对：杨　睿　　　　　　　　　　　　　　　　装帧设计：张　靖

印　　刷：中华商务联合印刷（广东）有限公司

开　　本：965 mm × 1270 mm　　1/16

印　　张：19.5

字　　数：156千字

版　　次：2014年7月第1版第1次印刷

定　　价：328.00元

投稿热线：(010)64155588-8815
本书若有印装质量问题，请向出版社营销中心调换
全国免费服务热线：400-6679-118 竭诚为您服务